社群行銷100鐵則,
絕對瘋傳又賣爆!

短影音聖經

明石岳人 明石ガクト——著 黃詩婷——譯

動画大全

「SNSの熱狂がビジネスの成果を生む」
ショート動画時代のマーケティング100の鉄則

地球觀 85

短影音聖經

社群行銷 100 鐵則，絕對瘋傳又賣爆！
【IG、YouTube、抖音 TikTok 爆紅必學致勝心法】

作　　者　明石岳人
譯　　者　黃詩婷

野人文化股份有限公司
社　　長　張瑩瑩
總 編 輯　蔡麗真
主　　編　徐子涵
責任編輯　余文馨
校　　對　魏秋綢
行銷經理　林麗紅
行銷企劃　李映柔
封面設計　萬勝安
美術設計　洪素貞

出　　版　野人文化股份有限公司
發　　行　遠足文化事業股份有限公司（讀書共和國出版集團）
地址：231 新北市新店區民權路 108-2 號 9 樓
電話：（02）2218-1417　傳真：（02）8667-1065
電子信箱：service@bookrep.com.tw
網址：www.bookrep.com.tw
郵撥帳號：19504465 遠足文化事業股份有限公司
客服專線：0800-221-029
法律顧問　華洋法律事務所　蘇文生律師
印　　製　博客斯彩藝有限公司
初版首刷　2024 年 05 月

歡迎團體訂購，另有優惠，請洽業務部（02）22181417 分機 1124

野人文化
官方網頁

野人文化
讀者回函

短影音聖經

線上讀者回函專用 QR CODE，你的寶貴意見，將是我們進步的最大動力。

國家圖書館出版品預行編目（CIP）資料

短影音聖經：社群行銷 100 鐵則，絕對瘋傳又賣爆 !(IG、YouTube、抖音 TikTok 爆紅必學致勝心法）/ 明石岳人作 ; 黃詩婷譯 . -- 初版 . -- 新北市 : 野人文化股份有限公司出版 : 遠足文化事業股份有限公司發行 , 2024.05
面；　公分 . -- (地球觀 ; 85)
ISBN 978-626-7428-18-4(平裝)

1.CST: 網路行銷 2.CST: 網路社群

496　　113001252

敬告生存在現代的所有商務人士。

在這個時代，AI可以理所當然地與人類溝通，
全世界已有八．七億人上傳影片到TikTok，
談行銷時根本不可能忽視「**關注度**」。

有一個高明的方法，可以幫助你獲取「關注度」，
也就是社群媒體所孕育出的「影響力的種子」，
而且無論是什麼人，
明天就能開始嘗試，這個方法正是「**短影音**」。

短影音崛起，新的時刻來臨。
我原先並非何等知名人士，
如今成名後，將自己經歷的時代轉折，全都放進這本書裡。
《短影音聖經》這本書裡，有足以稱為「聖經」的內容。
不管是不同社群媒體的特性、由零打造短影音的設計圖，
或是讓你「成為知名人士」的方法，都在這本書中。
好了，按下播放鍵吧。

前言

我是誰？
——短影音讓我從無名小卒躍升網紅的殿堂

拿起這本書的你是誰？

「想成為名人。」想必先前的時代，大家從來不曾如此希望成為「做了某事的某人」。過去，「名人」受歡迎的程度只能靠富豪排行榜或廣告演出排行榜作為指標，如今卻有「追蹤者數量」如此明確的數字將其量化，名氣與金錢彷彿已成為同類型的資產。

我要告訴大家，有追蹤者的話，什麼都能辦到。這點不只適用於藝人、YouTuber、Instagram網紅或者TikToker這類人，更逐漸成為所有商務人士都通用的新原則。如果你是學生，那麼擁有大量追蹤者，應該會大幅提高畢業後立即進入理想公司的可能性。如果你從事業務相關工作，那麼和客戶敲定見面時間會變得更容易，業績應該也會明顯上升，順利的話還可能有媒體前來採訪，甚至出書或者上電視。

現代年輕人尊敬的不再是「有錢人」，而是「追蹤者很多」的人，也就是說，有大量追蹤者，就跟擁有現金或者房地產差不多，追蹤人數已相當於人生中的重要資產。

「網紅」指的是擁有許多對自己有強烈共鳴的粉絲，進而獲得成功的人。我也被認定為「影音」領域的網紅，同時充分享受到身為網紅的好處。成為網紅之前和之後的人生，差別簡直就跟轉生到異世界沒兩樣。

我的前作《影片2．0》i出版以後，我進行了一趟全國演講。上一次簽名還是小學時考卷背面的鬼畫符，如今，我的屁股右邊放了一整疊簽名書（那本書的封面翻開來是我裸身丟番茄的照片）。北達宮城縣，南至鹿兒島，我踏上講述影音的未來的旅程。

在這些日子中，我的工作報酬比先前「多了幾位數」，甚至成為中居正廣[1]先生節目的固定班底。這簡直是夢想中的成功故事。不過，就在可說是人生頂點的時刻，發生了新冠肺炎危機。公司的業績嚴重受創，原先預估的銷售額大半都沒了。但是在這樣的逆境裡，我全面活用自己身為網紅的力量，總算從谷底爬了回來。（幸好我是網紅！）

所謂網紅，就像《鬼滅之刃》ii當中「柱」一樣的人物。也就是發揮自己的強項，在名為「社群媒體」的戰場上活用「個性」這個武器，展開一番華麗戰鬥的角色。如今搜尋引擎已經轉變為連接社群媒體的管道，不管是個人或者品牌，凡是在特定主題中被視為「柱」的社群帳號，都有著偌大的影響力。

比方說，你是否曾聽過明明沒有在店面銷售，只在網路上販賣的商品，忽然開始有許多

1 中居正廣：日本知名藝人、歌手、主持人、演員，前偶像團體SMAP成員。
2 D2C（Direct to Consumer）：指品牌直接將商品銷售給客戶，而不經過中間商的商業模式。

人大肆討論呢？這就是D2C[2]品牌的商品，藉由具有影響力的社群帳號廣為人知，引發大家購買的例子。

在分析社群媒體影響力的祕密之前，讓我們將時間稍微倒轉。

那是二〇一八年夏天的事情。「原本以為是羅伯特秋山[3]的新造型，結果主角真的是個創作者。真是抱歉。」大學時代的朋友用Facebook傳了訊息給我，我才知道這篇網路文章已經擴散開來。沒想到我為了募集公司資金而拍的紀念照片，竟然會以這種方式爆紅。這張照片是我的員工用造型師帶去的戴森吹風機，像惡整我一樣吹亂我的頭髮時拍出來的，是我人生第一張藝術照。剛好看起來就像是藝人羅伯特秋山先生「創作者檔案」裡會出現的創作者樣貌，結果引起大家跟風。

我盡可能利用了這個機會。我在推特上刻意扮演「教祖」般的角色，預言影音的未來，同時為了產出更多金句吸引對影片創作有興趣的人追蹤，一天大概有十二個小時都耗費在X上。當然，我的努力有了成果，大概一個月後，我的追蹤者就超過一萬人，網路媒體NewsPicks等大量媒體都來邀約採訪。

然後，我認識了幻冬舍的知名編輯箕輪厚介先生。透過與他的對話，催生出拙作《影片2・0》。之後我又在「WEEKLY OCHIAI」節目中和落合陽一先生合作，還在星期天早上的

「Sunday Japon」節目裡為演員壇蜜小姐吹過頭髮。後來我被稱為影音教祖，也拿到豐田汽車（Toyota）和Uniqlo等國際客戶的工作。

聽我這麼說，你是不是覺得我在「吹牛」？你要怎麼說都可以，不過這個故事裡隱藏著一個很重要的啟示。我絕對不會輕易放過受到眾人關注的瞬間和勢頭。為此，我才會盡可能花費時間與熱情來製作影音內容。

以前那種「中樂透」般的幸運，就相當於在現代社群上受到注目，獲得大量關注的瞬間吧。但是樂透帶來的成果只有：【購買的樂透數量】×【運氣】＝【中獎金額】。用來買樂透的錢有限，運氣也不是努力就能得到。然而，嘗試在社群上獲得關注，結果卻不同。

3　指日本搞笑藝人團體「羅伯特」成員秋山龍次創作的影片。他的YouTube頻道「羅伯特秋山的創作者檔案」以「介紹各種新銳創作者」為主題，由秋山扮演各種虛構的角色，如少女演員、廚師、歌手，在影片裡展示他們的工作內容，頻道訂閱者達79．9萬人，他更曾以這個主題辦過個人展覽。因為秋山的外型與作者相似，所以有網友將作者的藝術照誤以為是秋山的新影片造型。

❶「嘗試次數」及「參與度」催生「關注度」

關注度可以用這個公式計算出來：

【嘗試次數】×【參與度】＝【關注度】

也就是說，關注度具有「可再現性」，而創造關注度的要素，全都取決於自己的持續努力，跟與生俱來的運氣或者手頭能動用的錢無關。創造關注度，是一場幾乎跟義務教育一樣公平的遊戲。

錢花完就沒了，但若透過投資股票等方法善用資產的話，金錢就有可能增加。關注度也是如此，只要好好端出能將注意力轉變為滿足感的內容，關注度就會變成「追蹤人數」這項可以用數字量化的資產。活用關注度的影響力，就能夠讓自己的生意和人生更上一層樓。

❷成為網紅的關鍵，在於化「短暫注意」為「持續關注」

相同的道理在商務上也適用。如果公司能夠將跟風的人變成回頭客，銷售額就會迅速上升。然而，例如Instagram上爆紅的鬆餅店，因為大排長龍而使老顧客離開，於是在話題過後不得不關門大吉，這種狀況並非行銷活動所願。

那麼，要如何才能讓注意力從「轉瞬即逝」轉換為「持續關注」呢？這正是成為真正的網紅（也就是「柱」）的關鍵。不管是個人或企業，擁有持續的影響力，在各方面都能更加順利。持續性的影響力，就像不用支付名為「廣告費」的罰金也能拓展公司業務的武器。

活躍多年的偉大網紅都有另一張面孔。他們都以創作者的身分，不斷創造關注度。我認為現代的創作者，就像為了提高自己的存在感，而在社群媒體上聚集人群注意力的人。

這本書就是要分析，如何透過「成為創作者」吸引人們的注意力，並將隨之而來的機會盡可能放大。

名為「創作者經濟（Creator Economy）」的潮流，與影片的出現有極大關聯。部落客時代及YouTuber時代的區別，正是因為有「影片」的差異。在「文章」時代，網路類工作不曾在小學生的夢想職業中名列前茅。而現在，YouTuber、實況主、TikToker卻成為他們憧憬的工作。新時代的大門前方，等著的就是這些創作者的黃金時代。

這可不是與你無關的事情。人們的注意力，如今已經從電視節目或報紙這類傳統的媒體，轉移到手機畫面上。大家每天早上起床或睡前最後一刻看到的，應該都是社群媒體的時間軸。除了行銷人員以外，所有的商務人士和品牌，將來都必須成為創作者。

雖然只要付錢就能買到觸及，但卻無法取得關注。而那些藉由影片獲得關注的人，如今已經成為世界的主角。

我要交給你的，就是隨著影片出現的新時代指南針。讓我們朝著「圖像」和「影片」的差異前進，現在就出發前往「短影音」支配的新世界吧！

沒問題的。只要出海，你的船就能乘著「創作者經濟」這道大浪前進。畢竟，無論想動手做什麼，今天都是你人生最年輕的時刻。

那麼，讓我們重新開始播放。

Chapter 2

短影音的全盛時代來臨

Chapter 4
用短影音說出好故事
——企業與創作者的創作&行銷戰略解析

Ending

Opening

社群影片是新時代行銷的生存之道

從二〇一八年《影片2・0》出版以來，世界已經完全改變。那時書腰上說大話般的文案「快，乘上急速改變世界的影片商機大浪吧！」經過時間洗禮後，竟變成預言。

如文案所述，影片改變了世界。

我在這五年內已經看過好幾次相似的故事。沒沒無名的個人或企業，因為持續製作影片而打響名號，成為品牌或自媒體，打倒既得利益者並獲得勝利。活用YouTube就是最具代表性的範例。現在YouTuber的影響力比過往的藝人更強大，此外，沒有在行銷上活用YouTube的企業反而變得很少見。

為什麼世界會有如此大的轉變？祕密就在創作者透過影片得到的「關注度」。

過去公司高層的大老爺們會一臉驕傲地說「經營資源三大要素就是人、物、財」。經營要素中也曾有很短的時期加上了「資訊」，但根本沒流行起來就結束了。因為「人、物、財」在所有生意中都是必須要素，不過說到「資訊」卻會讓人心想：「路邊的蔬果店需要資訊嗎？」

其實，關注度才是比資訊更重要的要素，不管是特斯拉或蔬果店都不得不與它扯上關係。經營的新・四大要素就是這四項：

① **人**
② **物**
③ **財**
④ **關注度**

這個概念已經是世界潮流。關注由社群媒體而生，你每天按讚、追蹤、留言，或者更輕鬆點，當你將滑手機的手指停留在某個畫面的瞬間，關注就產生了。

「Instagrammable」、「TikTok爆款」這些詞彙，都顯示關注度所帶來的現象。由關注度所支配的社群媒體世界中，以前傳播訊息時最重要的指標——觸及，也就是你所發佈的資訊有多少人接收到？已不再有意義。

畢竟，當手指快速滑過手機螢幕時，你可曾記得那些從眼前轉瞬即逝的廣告？

比方說，如果想要透過五十歲以上人群所接觸的媒體（電視、報紙、廣播）傳達某些訊息，只要買廣告就好。而這類媒體廣告，都是根據「觸及」來設定價格。電視廣告會使用「總收視點（Gross Rating Point，縮寫為GRP）」為基準；報紙廣告則是根據「發行量」來決定廣告費用。無論是總收視點或發行量，都是根據觸及的概念來計算費用，也就是說，購買廣告就等同用錢購買觸及。

【2021年度】主要媒體平均使用時間

▶▶▶ **現代，40歲以下的人使用網路時間比看電視更長。**

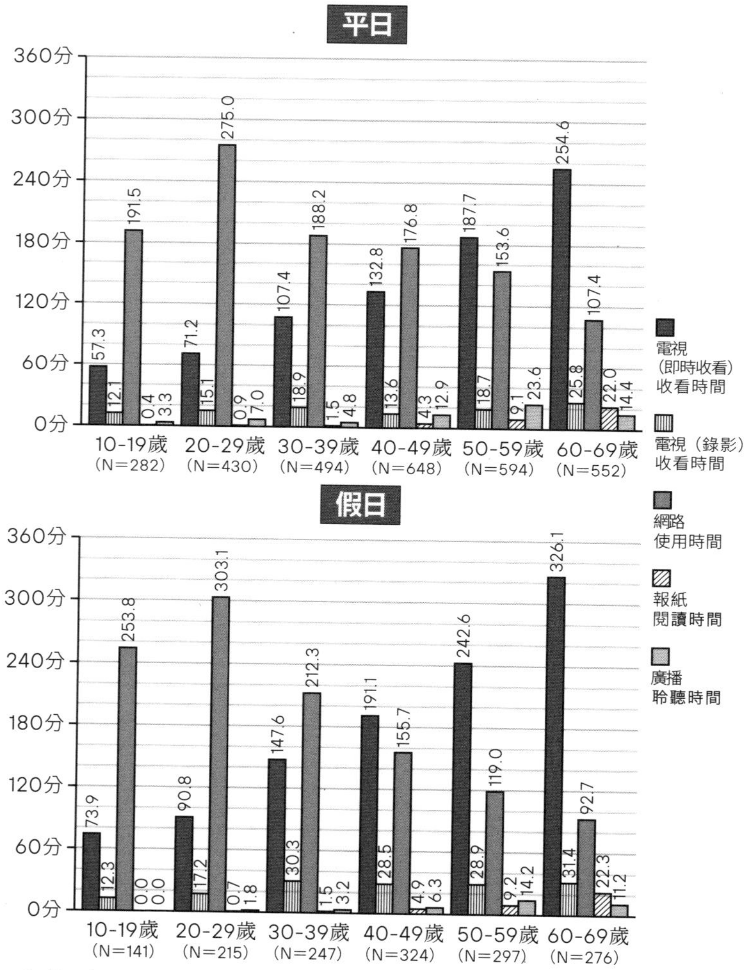

出處：由SB creative株式會社根據日本總務省資訊通信政策研究所
〈令和三年度 資訊通訊媒體使用時間及資訊行動相關調查〉資料製表

【2021年度】社群網路服務使用情況

▶▶▶ **可以說社群媒體大幅提升使用網路的時間。**

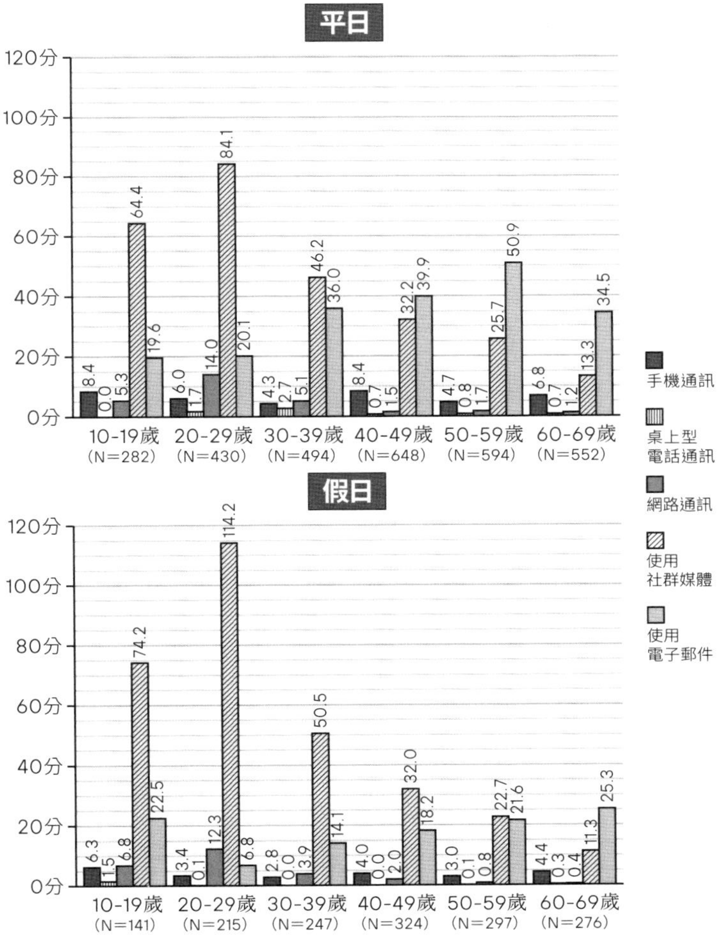

出處：由SB creative株式會社根據日本總務省資訊通信政策研究所〈令和三年度 資訊通訊媒體使用時間及資訊行動相關調查〉資料製表

但是「關注度」就複雜多了，因為它沒辦法直接用錢購買。如果突然有人告訴你：「給你一百塊，請你關注我！」你會怎麼想？大概只有兩種選擇，一是不理對方，二是收下錢假裝關注對方，對吧？不過，如果真的想獲得他人的關注，那麼用一百元做些有趣的事情，才是正確方法。比如十年前，就有一個 YouTuber 拍了一部把曼陀珠丟進冰箱裡可樂的影片。

而最懂得善用這個嶄新資源的族群，正是 Z 世代（一九九〇年代後半到二〇一二年左右出生的人）。在美國甚至出現十九歲就憑藉 TikTok 賺了超過一億元的大明星（二〇二〇年八月）。

在網路普及前，「獲得觸及」這件事情本身就具有稀少性。想要在電視或者報紙上打廣告，除了需要金錢以外還有很多困難之處，再加上能夠「用錢買觸及」的人原本就不多，所以，當時觸及還是有效的指標。

但是，現在只要花數十元，任何人都能下網路廣告、買到觸及。觸及（相當於金錢）逐漸商品化，而商品化的遊戲規則，就是資源多者得勝。

而顛覆這個無聊遊戲的，正是關注度。

因為所有人都逐漸習慣了「觸及」這場大洪水，所以我們的感觀開始自動屏蔽它，尤其是從小開始使用智慧型手機和社群媒體的 Z 世代，這種傾向更加顯著。相較之下，關注度則是讓人打從心底產生興趣，如果可以引起這些興趣，就算是沒有人、物、財等資源的個人，關注度的重要性如何超越觸及數？

1 **少數有權力購買觸及數的企業出現**

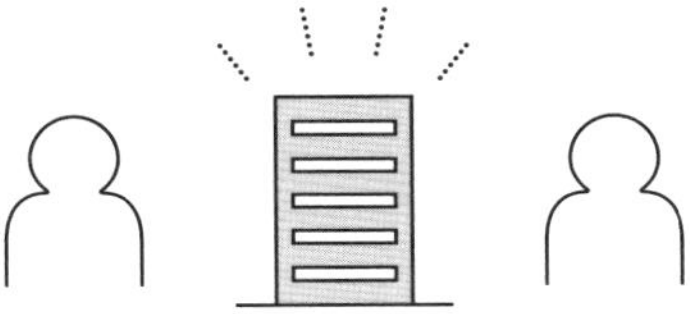

2 **人人都能買到觸及數後，有能力購買較多觸及數的企業便占有更多優勢**

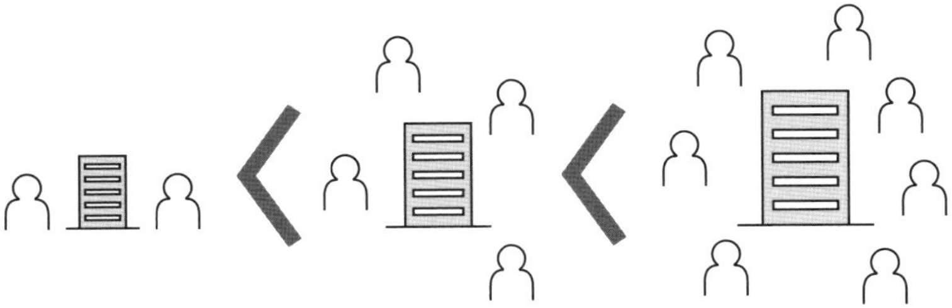

3 **比觸及數更具稀少性的「關注度」概念出現，能創造關注度的個人或企業因此取得優勢**

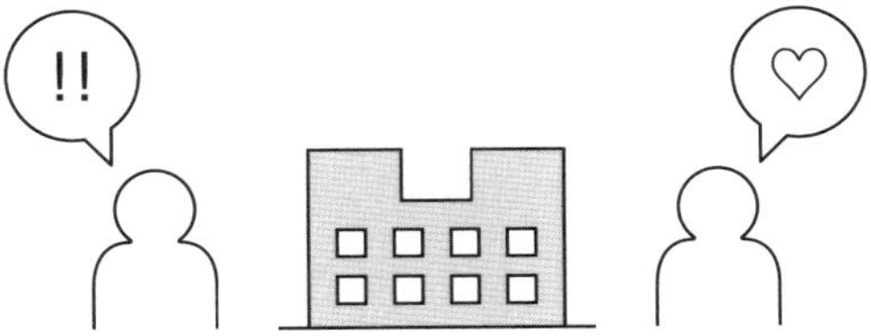

▶▶▶ **關注度的重要性，就是經由以上過程逐步凌駕於觸及之上。**

未來時代的生存和成長戰略

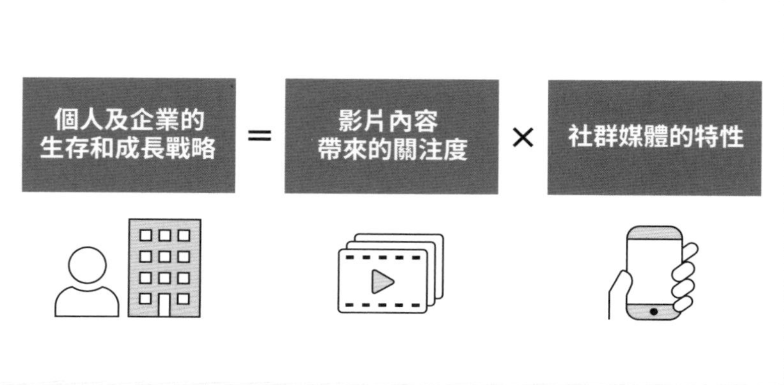

也有可能一舉翻身。大企業為了得到觸及，被迫不斷支付名為廣告費的罰款，而我們則利用關注度來打游擊戰。

這不是魔法。這是可以重現的技術，個人或小公司都能做到，簡單來說，這是商務人士的生存戰略和企業成長戰略，只要結合關注度與社群媒體兩者的力量，就能最大化成效。

那麼，關注的種子——「內容」又是什麼？

這正是本書的主題，由社群媒體而生的嶄新傳播工具：「影片」。

給想靠影片獲得勝利的你。這是一本重量級作品，以一個相信並熱愛影片的男人奇妙的人生為點綴，提供今天就能立刻實踐的影片知識，並為各位展示通往未來的偉大航道。

接下來的十年，大眾媒體不可能繼續維持傳統模式，觸及也將失去意義。而擁有關注度的個人和企業將化為媒體，利用關注的力量來賺錢及成長。

想要在這個時代存活下去，「影片」正是唯一的方法。如果想要掌握這項技術，就請繼續讀下去。

播放鍵就在你的手邊。

Chapter 1

從長影片到短影音，社群影片的變化趨勢

內容發佈者帶動經濟的「創作者經濟時代」

❸創作者就像「一人股份有限公司」

創作者經濟，是指影片創作者利用自己的創意、才能以及熱情打造出內容、商品和服務，並活用網路來擴大自身經濟圈的大趨勢。

根據二〇二二年八月二十六日Adobe[1]發表的《創作者的未來》（Future of Creativity）報告，創作者經濟的規模在過去兩年內增加超過一億六五〇〇萬人，世界上已經有三億三〇〇萬名創作者。

我所經營的公司ONE MIDEA，則將創作者經濟視為「創作者企業化」的趨勢，也就是創作者本身將成為CEO（Chief Executive Officer：執行長）。

創作者的英文「creator」是指「創造者」，也就是利用自身才能和技術創造事物的人，概念非常單純，而加上「經濟」這個飄著「銅臭味」的硬派詞彙以後，就出現「創作者經濟」這個詞。

也就是說，創作者本身並非受雇於人，而是獨自進行經濟活動，打造出經濟圈。在現代，他們擁有可以跟「公司」匹敵的力量，以「一人股份有限公司」的形式帶動經濟活動。

創作者經濟的出現，將讓經濟活動中所有人、事、物都會化為內容。

另外，創作者經濟又與二〇一五年開始經常聽到的「Web3．0（第三代互聯網）」以及「DAO（Decentralized Autonomous Organization：去中心化自治組織。以下簡稱DAO）」相輔相成。

自從十七世紀初期，世界第一間股份有限公司東印度公司設立以來，「股份有限公司」就是支撐全世界經濟活動的基礎作業系統，然而，目前普遍認為Web3．0將可能取而代之。相較於中央集權的「股份有限公司」，DAO這種嶄新組織或集合體的形式，讓個體能獨立運用服務及建立連結，很顯然更適合創作者。

1 提供訂閱制創作工具「Creative Cloud」等服務的美國軟體企業。

媒體新世紀，影片行銷的十大趨勢

❹趨勢1・從爆紅到參與

以新冠肺炎疫情為分界線，影片產生相當大的轉變。這裡就以我個人的經驗為主軸，整理出影片的十大變化趨勢。

或許有很多人誤以為「TikTok爆款」是「爆紅」的一種形式。不過，爆紅是單純的「1對N」關係，如果爆紅是指單一內容在一段時間內吸引許多人同時來湊熱鬧，過一陣子後效果就會收斂的話，相對地，「參與」則是一種「N對N」形式的發展過程。

「參與」讓觀眾與創作者的連結比過往更加緊密，觀眾觀看內容後會做出回應，而他們的回應又會有其他人看見，如此不斷循環。回應強度比較低的是「留言」，比較高的則是「上傳影片回應」。如果參與程度更高，也有觀眾自己成長為該領域創作者的案例。

影片發展由「影片2.0」轉換到「影片3.0」時代

影片2.0	影片3.0
爆紅	參與
在攝影棚拍攝	在家拍攝
製作公司	個人創作者
品牌建立	促銷 (Sales Promotion)
廣告	內容
敘事	互動
消費性	生產性
中央集權型	分散型
權威	友善
品質	數量

▶▶▶ **可以看出影片商業模式由分工制轉向SPA模式*。**

* SPA是Speciality Retailer of Private Label Apparel的縮寫。SPA模式又稱「自有品牌專賣零售業」，指公司從商品企劃、製造到零售都一手控制的商業模式。

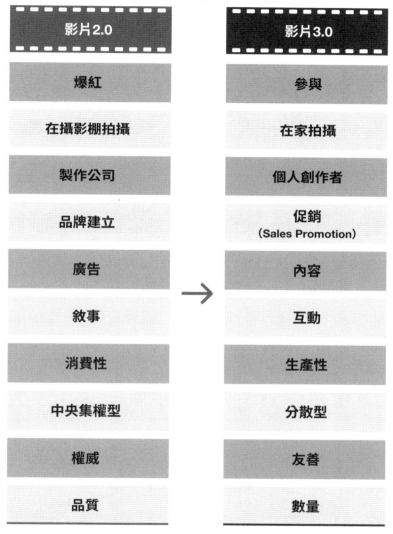

爆紅與參與的不同

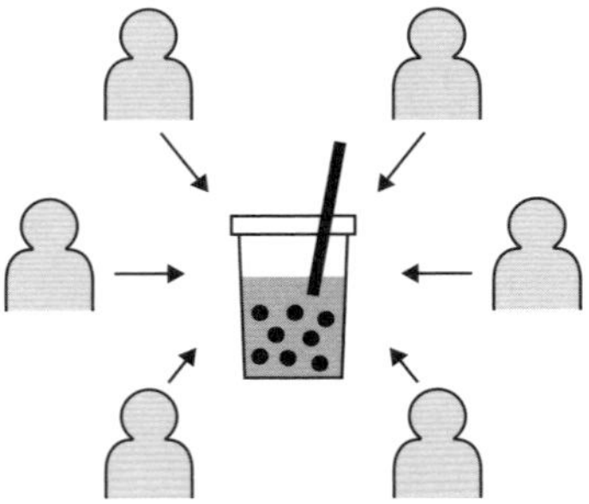

爆紅：1對N的關係

- 所有人同時接收資訊
- 單向集中型
- 以加速度竄紅
- 過了短暫風潮就會結束

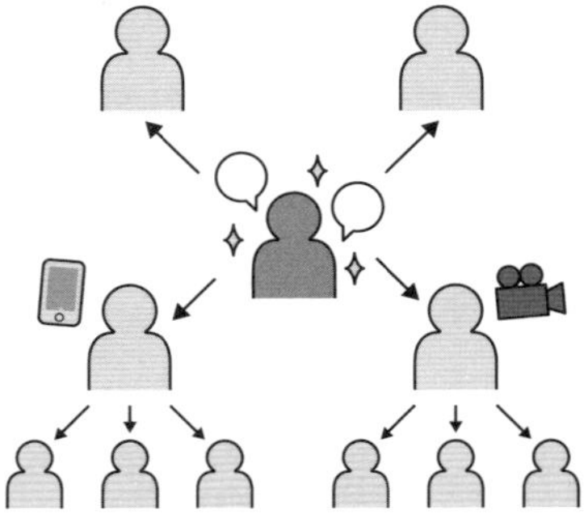

投入：N對N的關係

- 接收或發佈資訊的時間點各異
- 資訊和內容會逐漸分歧
- 容易長時間維持熱度

現在的TikToker之中，大多數人是看YouTube長大的世代，因為崇拜YouTuber，所以開始上傳影片，逐漸成為創作者。這個現象大概也歸功於當年的YouTuber爆紅之後，引發「參與」這個深層連結。

以長期觀點來看，比起催生出爆紅現象的創作者，引起觀眾參與的創作者影響力更大，因為他們的追蹤者當中，將會誕生新的網紅和產生「TikTok爆款」的脈絡。

稍微換個角度想一想。和YouTube以及Instagram相比，TikTok這類新平台的「追蹤」力道很弱，比較少用戶會追蹤創作者並且在對方發佈新作品時立刻觀看，更多人是被動地觀看演算法

「推薦」的影片內容，這點後面將會說明。

那麼，系統究竟是依據什麼來「推薦」影片？有幾個相關變數，其中最重要的指標就是「參與率（對內容做出反應的用戶比例）」。

追蹤人數較多的創作者，上傳影片的播放次數和按讚數量比較多，在邏輯上理所當然。然而，TikTok的急速成長，正是因為它以恰當的推薦模式，將用戶看了絕對會感興趣的影片推送到他面前，讓用戶體驗到「第一次看到這個，真的好有趣！」的感動。而這種利用ＡＩ進行推薦的系統，就是奠基於前面提到的「參與率」。

就算是只有一百個人看過的影片，如果其中有九十八個人都給予很高的評價，那麼當這支影片的觀看數成長到一萬人，甚至是十萬人，也可能得到相同比率的優良評價，因此在TikTok上，就算是幾乎沒有追蹤者的全新帳號，還是有機會忽然出現爆炸性播放次數，令創作者一舉成名。

本書前言中提到，獲得關注度的公式如下：

【嘗試次數】×【參與度】＝【關注度】

大家還記得前面介紹過這個思考模式嗎？如果不斷推出可以引發參與的內容，一定能夠將觀眾的參與轉換為對你的關注度，並且增加你的追蹤人數。在追蹤數較無影響力的短影音世界，增加嘗試次數來獲得參與度，才是打造粉絲社群的正確方法。

以時間軸形式顯示的影片背後，其實包含「參與率」的運作，可以說是TikTok的偉大之處。

❺趨勢2．從攝影棚拍攝轉為在家拍攝

在新冠肺炎疫情以前，我的公司ONE MIDEA在東京中目黑地區打造了大規模攝影棚，而我們當時的工作方式是請表演者到攝影棚，使用高價機材來拍攝，這也是「製作公司」一直以來的工作方法。

但是，疫情讓一切化為泡影，因為攝影工作完全表現了群聚感染的高風險要素：在密室裡密集地聚集了一大堆人，而且彼此還密切接觸。由於面臨「無法拍攝」、「案子被取消」等動搖事業基礎的危機，所以我也不得不停下腳步。

然而，在這種狀況下，還是有人持續製作影片，那就是YouTube和TikTok創作者。

在疫情前，我一直以為影片的世界中，匠人才是強者。我深信專業匠人的世界跟高品質影片的價值，但是那在「避免非必要接觸」與「居家隔離」面前全都軟弱無力。

不過，就算在當時，YouTuber和TikToker依然毫不在乎我們的混亂，繼續推出各種新影片取悅粉絲，也幫助大家在疫情的封閉感中得到一些療癒感。他們才是現代「真正的創作者」。在我心中閃現希望能和那些創作者共事的想法，那正是ONE MIDEA復活的第一步。

話雖如此，也不可能馬上就請創作者開始在家拍片，甚至連影片的方向都全部交給對方決定。

因此我們思考，或許該將專業規格的機器借給創作者，然後由ONE MIDEA的工作人員遠端操控。我們可以用Zoom進行指導，遠距離操縱單眼相機……現在想想真是蠢到不行。

也就是說，在當時的狀況下，我們依然想要保持一定的品質，但如此花費時間及成本的影片，播放次數卻不太漂亮，反而是創作者用手機內建攝影機自拍的影片，更能生動表現出其中的訊息，以及創作者自帶的氛圍。

原來，能夠表達出情感的，不是在設備和環境充裕的攝影棚中拍攝的影片，而是在創作者家中拍出的影片。我這才澈底明白，雖然自己過去一直要大家「拋棄先前的影片常識」，但我本人卻囚禁在「攝影棚拍片優於在家拍片」的傳統業界常識中。

❻趨勢3．從製作公司轉向個人創作者

ONE MIDEA是在疫情前以影片製作公司起家。我們會從網紅中尋找「在推特或Instagram上有很多追蹤者，但不靠自己拍片的人」，為他們製作高品質影片，同時我們公司在社群媒體上也有宣傳能力，因此得到大家的好評。

然而，無法在攝影棚拍片後，只能在家裡拍（而且成果還更好），那麼我們該找的就是能夠自己拍影片的人，也就是YouTube和TikTok創作者。

這些人並非單純的網紅，他們既是網紅也是創作者，而這群人的特徵就在**「靠自己完成一切」**。

從創作誕生在這個世界上開始，直到內容傳播給大眾為止，會經過三個階段：「採集→加工→流通」。

對影像或影片來說，「採集」就是內容企劃及拍攝的部分，「加工」則是影片的編輯工

創作的三階段

1 採集 拍攝的骨架：包括「內容企劃」和「拍攝手法」等

▼▼▼

2 加工 影片的「編輯」工作

▼▼▼

3 流通 選擇將內容「發佈在哪個頻道」

作。最後的「流通（distribution）」則決定內容要在哪裡曝光，如果是電視，就是透過電視訊號來流通；YouTube是透過某個頻道；TikTok則是上傳到某個人的帳號便能夠流通。

回顧影片2．0的時代，經常有人針對「加工」的部分採訪我，而我經常回答他們「大字（字幕條）以動畫方式呈現會比較上相」或者「最重要的是活用手機的直式影片」等等。大家想要了解影片「加工」，想來是認為這就是製作影片的精髓跟訣竅，或是能與其他人做出差異的地方。

然而，影片的本質實際上不在加工。重要的是「採集」和「流通」，而個人創作者在這方面更勝一籌。

其實，製作公司不過是負責「加工」的組織。個人創作者也會自己「加工」影片，但是他們的「加工」是依據「採集」和「流通」來進行。

首先，來思考一下「採集」的部分。

個人創作者明白應該要怎麼表現，才能突顯自己以及企劃內容。畢竟畫面上拍攝的主角是自己，而且攝影棚是自己的家。

創作者們在思考「應該這樣呈現，這樣拍攝」時的速度以及突顯拍攝素材的手法，遠勝過那些遠離拍攝現場，坐在會議室裡你一言我一語的大人物們。兩者在「採集」的階段就已經出現差異了。

接下來是「流通」。

以影片來說，內容製作好後就必須在某個地方亮相。現在，影片的主戰場不是電視，而是手機螢幕。假如要更進一步劃分，就連發佈的平台是YouTube或是TikTok，運作機制都大相逕庭。

如果是TikTok，那麼在大家的手指不斷往上滑動時，如果無法讓他們感受到忍不住停下手指的震撼，那麼用戶是不會看見影片內容的。

如果是YouTube，就必須留心用戶看完影片後，跳出的相關影片以及推薦區的預覽畫面，要能夠馬上抓住觀眾的心。

也就是說，為了讓影片「流通」出去，在製作影片時要如何吸引用戶看見影片，會因平台而異。

最後是「加工」。日復一日、經年累月地在「採集」和「流通」上持續進行ＰＤＣＡ循環的人，正是個人創作者，而非客戶或製作公司。因為個人創作者抓住了其中重點，所以能針對最後的「流通」進行最有效的「加工」。

因此我認為，「這麼做就能製作出厲害的影片」這種空泛的指引毫無意義。「加工」的一切都要根據「採集」及「流通」來決定，而實現這一切的是創作者，他們可以一氣呵成地完成這一連串的工作。

個人創作者的強大之處，就連Apple或Uniqlo等從企劃、製造到零售一手包辦的SPA模式品牌也通用。Apple或Uniqlo並沒有自己的生產工廠，因此與創作者大受歡迎而變得非常忙碌時一樣，他們都會把「加工」部分外包。

在「採集→加工→流通」的流程當中，「採集」和「流通」需要靠創作者自己，不過只要建立起自己的風格，那麼「加工」也可以轉交給其他人。

如此一來，想必大家都能了解，「加工」並非社群影片真正的價值所在，也無法催生出競爭優勢。我認為，這個時代正是創作者SPA化的過渡期。

❼趨勢4．目標從建立品牌形象轉為促銷

過去就有人說過，想要靠社群影片獲利，得看「商品真的賣得出去嗎？」而測量這點非常

困難。

我在過去的經營歷程中也曾說過：「影片的價值不在賣出商品，而是建立品牌。」我的心態一直被「廣告可以讓商品大賣嗎？」「不，廣告是用來建立品牌的。」這種舊時代的觀念拖累，認為就算無法成功將觀看數轉換成商品業績，只要能提升企業形象就好。

也有人會問：「『轉換率』到底該在何時測量？」比方說看到很帥氣的球鞋影片，有多少人會馬上購買？大多數人可能會等到週末才去球鞋店買鞋，對吧？這種情況下，根本無法測量影片的轉換率。

然而，二〇二一年十一月時發生了一件顛覆性的事件。

經濟雜誌《日經TRENDY》iii「二〇二一年三十大熱門商品」中，票選第一名的是「TikTok爆款」。先前雖然有過「Instagrammable[2]」這個詞彙，但比較少聽到「Instagram爆款」甚至是「YouTube爆款」等說法，可見「TikTok爆款」的重要性。

至此，社群媒體首次和「銷售」相關的詞彙連結在一起成為關鍵字，這正是因為社群影音讓貨架上的商品「動起來」了。以下介紹幾個範例。

2 意指內容有趣，值得上傳到Instagram。日文為「インスタ映え」。

其他媒體與TikTok等新興社群媒體的行銷手法比較

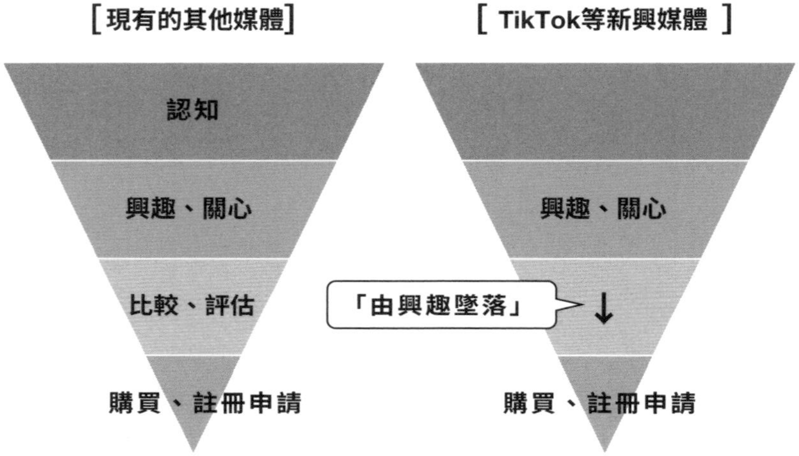

出處：SB creative株式會社根據《TikTok用戶白書》第3彈（2020年）資料製圖

・案例❶：小說

筒井康隆於一九八九年發表小說《塗口紅的殘像》，一九九五年，中央公論新社發行文庫本。這本書在TikToker「Ken-go（@けんご 小説紹介）」的介紹下，四個月內就再刷了十一萬五千本。

・案例❷：汽車

日本東北地區有位BMW經銷商，開始經營自己的TikTok帳號後大受歡迎，就連BMW總公司都認可他對營業額的貢獻。

資訊傳播方式隨著社群媒體的發展而產生變化

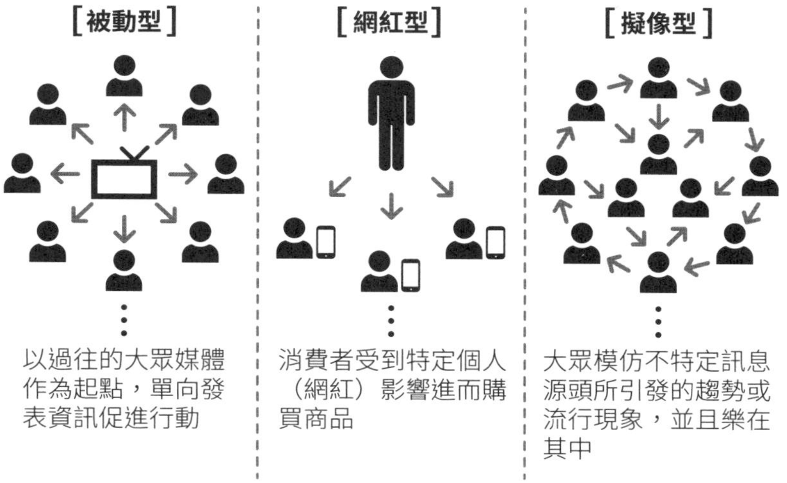
[被動型]
[網紅型]
[擬像型]
以過往的大眾媒體作為起點，單向發表資訊促進行動
消費者受到特定個人（網紅）影響進而購買商品
大眾模仿不特定訊息源頭所引發的趨勢或流行現象，並且樂在其中

出處：SB creative株式會社根據電通報〈將社群媒體帶來的資訊傳播方式化為模組〉（天野彬，2020年5月25日發表）之資料製圖

・案例❸：化妝品

佳麗寶化妝品集團旗下品牌KATE凱婷的商品「怪獸級持色唇膏」，從企劃階段就鎖定目標是在社群媒體上大紅，也確實在「TikTok爆款」的加持下一炮而紅。

對於用戶看到影音內容後立刻出手購買的「TikTok爆款」現象，TikTok則以「由興趣墜落」這句廣告詞貼切地詮釋。

行銷方法中有所謂的「銷售漏斗理論」，也就是將網路銷售手法區分為認知、產生興趣及關心，以及產生偏好等階段，最後才會抵達購買（轉換）的階段，如果不按照漏斗順序逐步進行就無法走到最後一步。

每個漏斗階段適合不同的行銷手法，

而對於漏斗最上層（認知與產生興趣及關心，購買流程的初期步驟），據說最有效的就是電視廣告或是過去的影片廣告。

對商品產生興趣的用戶只要在網路上搜尋，「搜尋廣告」和「再行銷廣告」就會跟著出現。將用戶從這些階段引導到購買，就是數位行銷的一貫流程。

但是歐盟《一般資料保護規則》（General Data Protection Regulation，縮寫為GDPR）從二〇一八年五月起生效，對於Cookie（個人資訊）的規範變得更加嚴格，因此數位行銷流程也被迫大幅改變，過往奠基於Cookie之上的數位行銷可說遭到毀滅性的打擊。

另外還有一個大趨勢，就是整體用戶不再信任「搜尋引擎」。日本網紅GENKING曾經說過：「我不使用Google搜尋或Google，因為那是受人控制的東西。」現在的年輕人，對於「什麼東西該在哪個平台搜尋」也區分地愈來愈精細。

知名創作者兼企業家菅本裕子，也以一個令人驚訝的現象說明了現代人的搜尋方法。他和朋友去新大久保玩時，打算找地方吃午餐，所以搜尋Google地圖和別人的食記，但他的年輕朋友卻直接打開TikTok，用「主題標籤（Hashtag）」尋找店家。他見狀後產生強烈的危機感，心想「我也得開始使用TikTok才行」。

將來，不只無Cookie會變得理所當然，如果連用戶都不再使用過去的搜尋方式，那麼可以想見，人人可能都會在看完影片後，跳過搜尋的步驟，直接購買商品。然而，最早成功掌握這個趨勢的並非YouTube，也不是Instagram，而是TikTok。

那麼，為何只有TikTok能夠發揮如此強大的銷售宣傳效果，甚至創造出「TikTok爆款」這個詞彙呢？這是因為，在TikTok引發話題的內容不再是單純的爆紅，而是一種「現象」。

以YouTube或Instagram為起點的消費行為，是受到特定個人（網紅）的影響，因此被稱為「網紅型」傳播。另一方面，根據電通媒體創新實驗室主任研究員天野彬先生指出，以TikTok為起點的消費則是受「擬像型」傳播（詳細內容請參考天野先生的著作[IV]）所影響。

在TikTok上，雖然不確定誰是發佈資訊的源頭，但大家都在做同一件事情，大家都買了同一個產品的現象，也就是**「擬像（模仿大家並樂在其中）」**，催生出爆炸性的趨勢。由於擬像型傳播，社群影片的功能終於超越「建立品牌」，發展為引導顧客直接購買、貢獻營業額的「促銷」。

2種不同的影片行銷溝通類型

	Narrative（敘事型）	Interactive（互動型）
人稱	第一人稱「我」	不限
概念	每個人都是主體，參與故事編織	發佈者和觀眾都化為創作者進行互動式溝通
具體範例	紀錄片 回憶錄影片	（TilTok上的） 「主題標籤挑戰」效果

❽趨勢5・形式從廣告轉為內容

自擬像而生的宣傳影片，不同於傳統的「廣告」，幾乎可以看作是「內容」。

以前的YouTube創作者，不管製做什麼影片內容，都是從影片內插入的Google影片廣告來得到廣告分潤。然而，TikTok和短影音因為長度短而很少插入廣告，就算插入廣告，收益也不會分配給創作者。因此短影音創作者如果不接「業配」介紹公司產品或服務來換取報酬，就很難獲取繼續經營帳號的資金。

因此，現代的TikToker正在快速累積將「業配」製作成短影音內容的技術以及技巧。做出引人入勝的內容至關重要，因為這種內容可以引發擬像效應，最後達到促進銷售的效果。以宣傳影片為開端，這個趨勢正在推動「廣告的內容化」。

❾趨勢6．溝通方式從敘事轉為互動

近年來，各種場合中愈來愈多人強調「敘事性溝通」的重要性。我認為這是由於相較於某個人單向地表達，能夠將觀眾帶進敘事（Narrative。每個人都是主體，參與故事編織）中的內容和溝通方式更能觸動人心。

我曾在《影片2．0》中強調「視覺故事（Visual Storytelling）」這個關鍵字，社群影片就是透過視覺呈現故事，吸引觀眾並改變他們的感受，這正是敘事的表現。

而在當下的影片3．0時代，「觀眾是敘事的一部分」已經是大前提。因此在現代，如果不是互動式的影片，也就是如果不能引發觀眾參與，可能無法產生高品質的「關注」。

打造互動的具體範例之一，就是TikTok上的主題標籤挑戰。在過去，個人創作者的影片能被觀眾播放一百萬次就有很高的價值，然而在影片3．0時代，也就是TikTok的時代中，影片觀眾也化身為創作者。如果一百個人看了某支影片，接著模仿它拍下自己的影片，每個影片的觀看次數是一萬次，那就等於原本的影片被播放了一百萬次。參與人數是一千人的話就是一千萬次，一萬人的話就是一億次。這種擬像行為每一天都在 TikTok 發生，因此產生了「TikTok 爆款」現象。

也就是說，「TikTok 爆款」並非單一創作者所造成，而是當大家都成為創作者時才會發生。要打造出擬像現象，就必須做出連自己也會想模仿的互動式內容才行。

在敘事之前，確實營造出觀眾有意參與互動的機制，將變得比以往更加重要。

我也做過不少和 TikTok 相關的影片製作工作，其中能夠順利發酵的影片，都有一個共通法則。

那就是**「讓影片留言欄變成討論區」**。

比如業配影片的內容是介紹某種對腸胃有益的健康食品，那麼影片留言欄中如果有觀眾和粉絲熱烈留言「我也是靠這個方法保持健康」「優格的話〇〇家的比較好」等，通常都會順利紅起來。

熱鬧的留言欄表示觀眾已經跨越參與的門檻，接下來就很有可能出現「我也試了影片介紹的產品」等留言，成功促進商品銷售。

如果社群影片本身自成一個粉絲社群，將會自動擴大參與規模，最終影響更多人，打動每個人的心。

⑩趨勢7．主題從娛樂轉向增進生產力

在過去，YouTube上最受歡迎的是娛樂類頻道。但是，大家知道是哪一類YouTube頻道在肺炎疫情後飛躍性成長嗎？

答案是健身和烹飪。此外，商業類的YouTuber也顯著增長。這表示大家看影片的目的，已從原先單純作為娛樂性消費，轉變為讓生活更有生產力。

當然，我完全不是否定娛樂性質影片的創作者。不過，很顯然影片內容所涵蓋的領域已經大幅擴展。過去由雜誌和書籍擔當的「學習」領域，也出現愈來愈多創作者以視覺內容傳遞知識，他們的存在，為許多社群用戶提供了嶄新的知識以及行動的契機。

⓫趨勢8．發佈者從中央集權轉為全民化

這幾年，所謂的頂尖YouTuber幾乎沒換過人，曾經紅起來的人，多半都可以維持穩定的人氣。

但是，TikTok創作者的競爭情況遠比YouTube激烈，例如許多用戶自己喜歡的TikTok創作者和朋友完全不同，這是因為TikTok將個人興趣和嗜好進行了更加精細的劃分。

日本電通集團的天野彬先生指出，現代資訊傳播由大眾媒體型（由大眾媒體觸發人、物、事動起來），轉變為網紅型（在受人崇拜的網紅號召下，觸發人、物、事動起來），然後演變為擬像型（資訊源頭不明，許多人透過虛擬體驗產生相同的憧憬及共鳴），傳播模式愈來愈精細。

過往大眾媒體型（中央集權型）的時代，基本上想嘗試新事物的人加入創作業界的機會很少。我在二〇一八年出版《影片２．０》以後，YouTube的頂尖創作者名單也已經固定下來，來到不再渾沌的時代。

然而，此時出現了一股名為TikTok的新浪潮，社群影片的世界也發生重置。

二〇二一年，YouTuber第一社長（はじめしゃちょー）上傳了一則影片，標題是「又被超車了。Junya是誰啦」。

Junya在二〇一八年開設TikTok帳號，是日本第一個達到一千萬追蹤人數的TikTok創作者。他從二〇二〇年九月開始經營YouTube，只花費大約一年的時間，就超越第一社長的頻道訂閱人數。

第一社長上傳這段影片時，多數人的感想都一樣：「Junya是誰啊？」這也是理所當然，因為Junya的追蹤者和頻道訂閱者幾乎都是外國人。

Junya從創立帳號時，就以全球為目標發佈內容。看他的影片就會發現，內容都極力強調非語言傳播，是能夠跨越國家和語言受到喜愛的作品。現在他的YouTube頻道訂閱人數已經超過日本前所未見的三三四〇萬人（二〇二四年一月）。

Junya的粉絲數量能夠如此快速成長，是因為他先在TikTok打造出初期的粉絲社群，並且量產短影音內容，這是過往只有YouTube的時代辦不到的手法。

傳播的源頭愈分散，對於新加入的創作者來說，機會也愈多。因此，現在正是開始創作短影音的絕佳時機。

⑫ 趨勢9・粉絲與創作者的距離感縮短

在這股潮流中，頂尖YouTuber相對地愈來愈具有權威性。然而，YouTube社群原本就更喜歡友好的、跟朋友說話般的氣氛，而不是像藝人一樣難以親近的氛圍。

這種傾向在手機播放的直式短影音中更加顯著。隨著頂尖YouTuber本身的影響力擴大，他們發佈內容的步調開始變慢，然而，直式短影音的創作者則相反，由於短影音製作難度很低，因此創作者上傳內容的頻率也更高，觀眾幾乎每天都能看到影片，逐漸感覺TikToker彷彿自己的朋友一樣。

許多TikTok用戶表示「比起YouTuber，感覺TikToker比較親切」。TikToker的風格是對過往YouTube創作者的反擊，隨著TikToker成為時代的中心，由權威轉向友好的潮流已經無法逆轉。

⑬ 趨勢10・比起品質，更追求數量

現今的YouTube世界中，所謂的「片中廣告（Mid-Roll）」，也就是在影片中插入的廣告，是重要的收益來源。片中廣告的規定是，不到八分鐘的影片就無法插播，如果影片不到一定長度就很難取得收益，因此，YouTube追求的是影片品質足以讓用戶願意觀看超過八分鐘，本質上愈來愈強調「質重於量」。

另一方面，TikTok這類短影音重視的是「像朋友一樣每天見面」，因此和YouTube相比，影片上傳頻率就高很多。而一支TikTok影片的長度最短是十五秒，比較長的平均也只有三十秒到一分鐘左右，對於創作者來說，製作難度比YouTube更低。

此後的「影片3．0」——短影音時代，追求的是「量勝於質」，比起品質本身，發佈數量變得更加重要。

根據「八二法則[3]」，一支影片的製作時間其實只需要影片時長的兩成。不過如果要提高品質，就少不了其餘的八成時間。然而，在這個快節奏的時代，時間軸上的內容快速流動，集中所有精力在一支影片上真的值得嗎？

重點在於，相較於集中火力在單支影片上，從整體看來內容充實的帳號，更容易累積關

3 認為「整體數據的八成，是由構成整體之要素中兩成的要素所創造」的一種經驗法則。具體範例如：「銷售額的八成通常靠兩成的員工達成」等，又稱為「帕托雷法則」。

注度。由此可見，量勝於質是今後社群媒體的既定路線。正如前面提過的，「影片3・0」時代的本質並非「加工」，而是「採集」和「流通」。

企業及行銷人的競爭對手，其實是創作者

那麼，商務人士應該要如何應對這個時代的變化呢？

二〇一八年前後，大家都說：「YouTube只有年輕人會看，應該只是一時的流行而已吧？」

然而，從那時到現在已經過了數年，現在如果還有人認為YouTube是年輕人的平台，大家肯定會糾正他：「你最好趕快改變想法。」根據NTT Docomo行動裝置社會研究所〈二〇二二年一般人士行動裝置行為調查〉報告顯示，現在就連六十到七十歲的人，也有半數會使用YouTube。

變化的徵兆出現時，困在過往習慣的人總會立刻找藉口說「那是給年輕人用的」、「只是短暫的現象」藉此逃避現實。然而徵兆的背後，往往隱藏著只有年輕人看見且無法逆轉的趨勢。我想要將這些徵兆告訴你，所以寫下這本書。

當時讀過《影片2・0》後好好經營YouTube的企業及個人創作者，過了這幾年，大多

已經成功。畢竟在商業世界中，存在著所謂的「先行者優勢」。

此時如果放過這個變化，比別人晚一步才想到「我得經營YouTube才行」，以我前作的內容看來，想必會面臨非常大的障礙。

例如，現在大多數創作者都採用P2C銷售模式（Person to Consumer：建構個人原創品牌或服務，並且自己擔任資訊發佈源頭，銷售各種商品的商業模式），規劃自己的原創品牌。創作者推出的化妝品與服裝品牌中，又以YouTube創作者Hikaru（ヒカル）的事業最有代表性。他甚至曾經只花一天，單月營業額就超越大企業耗費時間悉心開發的品牌或企劃商品。

競爭對手不斷出現，為了守護自己的業務並且將商品和服務推廣給更多人，如何捕捉「關注度」將會是最重要的課題。

人人都能成為創作者，造就「影片3・0」時代的大浪。**企業和商務人士真正的競爭對象並非其他公司，而是創作者。**在這個時代，企業和商務人士如果躊躇不前，不敢成為創作者，或是無法擁有創作者心態，恐怕會愈來愈難保持優勢。

商場的勝負取決於「聚集多少目光」

⓮經營資源的新四大要素是「人、物、財、關注度」

我在序章中提到，新時代商場的經營資源是「人、物、財、關注度」四大要素。過去，人們認為「經營資源三大要素是人、物、財」。關於第四項經營要素，我敬愛的創意總監「The Breakthrough Company GO（以下稱GO）」負責人三浦崇宏先生認為是「話語」，可見經營資源應該會隨著當事者所處的領域而有所改變。

不過，要分析全球創作者經濟迅速擴大的原因，「關注度」絕對是不可忽視的因素。

回顧過往，曾經有段時期人們把「資訊」視為經營資源的第四項要素，但是這不一定適合世界所有商務行為。

目前數位轉型（DX）受到高度矚目，但是真正能夠活用資訊（數據）的企業和商業模式卻相當有限。相較於能夠投資數位轉型的大企業，有更多小型企業並未累積足夠的數據。

比方說，假設地方的商店街花費經費進行數位轉型，完美整理顧客資訊，能夠直接影響銷售額嗎？還不如創造一些讓更多人關注商店街的新聞，商店街的人可能會更高興。這正是關注度的力量。

經營資源要素中的人、物、財都會產生相當直接的作用，以人來說，十個人的工作速度一定比三個人快，物和錢當然也是多多益善。

然而，資訊和話語不一定是「多多益善」，有時也必須進行資料淨化（data cleaning）[4]，從中萃取出精華的部分。這件事情非常困難，正因為如此，這兩項資源才無法定義為經營的要素之一。

然而，關注度肯定是多多益善，可以和人、物、財採取相同標準來看待。由於社群媒體的普及，「受到矚目」顯然成為影響人們行為的重大因素。這種情況下，關注度將成為重要的經營資源。

4 將資料庫中各種資料當中有所破損、重複或缺陷的內容重新整理及加工為可利用的狀態，提高數據品質。

向全世界秀出自己的臉，換取關注度

在網路發達的高度資訊化社會，人們的關注成為保貴資源，帶動商業成長。我經常說「只要有追蹤者，什麼都能辦到」，只要吸引大家的關注，就能讓各種事業或服務的推展更加容易。

那麼，要吸引關注，最重要的條件是什麼？自然是「視覺」。在網路上只有文字內容的時代，不曾出現關注度高到能夠形成獨立經濟圈的大明星。然而，由於這幾年智慧型手機內建的相機和螢幕進步，傳達具有強烈震撼感的視覺元素變得非常容易。

「GREE」集團創辦人田中良和先生的發言，給我很大的啟發。田中先生表示：「比起智慧型手機本身，自拍才是更重要的發明；比起區塊鏈，比特幣才是歷史性的發明。」

我個人的解讀是，相較於智慧型手機這項科技，更重要的是使用手機的前鏡頭拍攝自己，也就是嶄新的「自拍」文化的誕生。而這個文化改變了人們的行為（將自己的臉部照片上傳到網路上變得理所當然），這點才是最具影響力的地方。

同樣的原理，區塊鏈本身也只是一種技術，但是與金融商品的性質搭配之下，促使人們為加密貨幣的價值漲跌而瘋狂，拚命買入比特幣。

無論何時，真正的價值都在於科技背後，那改變人類行為原則的現象。

科技誕生，並且在用戶之間產生新文化，因此改變了內容和媒體的型態，世界就是如此前進的。

創作者經濟的基礎在於科技以及設備的進化，這也改變了人們的行為，例如自拍變得理所當然，將自己的容貌曝光於網路上也變得稀鬆平常。結果，一群藉此吸引關注的人，也就是創作者，應運而生。

他們利用聚集在自己身上的關注度，開展出超越創作者框架的商業活動。這就是「創作者經濟」的起源，新時代經濟圈正是由此建立。

創作者經濟的誕生

1 科技進化

↓

2 設備進化

↓

3 個人能做到的事情增加

↓

4 人們的行為開始轉變

↓

5 一般的價值標準、文化標準和社會運作方式改變

↓

6 出現能夠吸引比其他人更多關注度的人（＝創作者）

↓ 發展

7 創作者活用自身影響力，或開展超越創作者框架的業務

↓ 成熟

8 創作者周遭形成經濟圈（＝創作者經濟）

「關注度經濟」：有錢也買不到的死忠社群

不想錯過「創作者經濟」的大浪，就必須稍微了解「關注度經濟」所產生的「現象」。「關注度經濟（也稱作注意力經濟）」是諾貝爾經濟學獎得主赫伯特・亞歷山大・西蒙（Herbert Alexander Simon）在一九六九年提出的概念，並在一九九七年受到美國社會學者麥可・戈德哈伯（Michael Goldhaber）矚目而紅遍全世界，這個概念在日文中也稱為「關心經濟」或「注意經濟」，是指人們的關心與關注程度具有經濟性價值，並且像貨幣一樣可以作為交換媒介。

⑮想吸引關注，帳號內容要夠豐富

「TikTok爆款」正是關注度經濟的產物。讓我們思考一下，當某個內容引發特定的人或主題標籤爆紅時，具體經過了哪些過程。

首先，有個人上傳的內容引起討論，大家都前來觀看。這時，人們會做的下一件事情就是去看創作者的自我介紹欄，不論在YouTube、TikTok或Instagram上都一樣。人們好奇「上傳這段影片的是怎麼樣的人？」所以點擊創作者的帳號或頻道，接著觀看他上傳的其他內容——這就是所謂的「加碼時間」。

但是在推特上，推文爆紅通常很難直接增加發佈者的追蹤者人數。畢竟，如果去看他的其他推文，內容通常都很無聊，像是「餓了」或是「今天氣壓很低，頭好痛」之類的。

在關注度經濟中，爆紅是「關注的高度集中狀態」，具有錢買不到的價值。但是，沐浴於關注中的瞬間，如果無法靠其他推文一口氣吸引前來「朝聖」的用戶，那麼爆紅也只是一時的。

這在社群影片上也適用。如果某部影片引發討論，而看過的人覺得「頻道裡其他影片也不錯」的瞬間，追蹤者就增加了。在關注度經濟中成功的關鍵，取決於你在「爆紅」到訪前累積了多少的前置準備。

其實，這也是我的實際經驗。ONE MIDEA前股東之一，「ARU」公司負責人阿健（古川健介）曾建議我：「明石先生，經營推特吧！名字就用片假名『ガクト』，然後堂堂正正地發佈一些『社群影片的真相』之類的推文。」股東的請託當然不能拒絕，所以我嘗試了一天，馬上就沒有好點子了。

「阿健，我不知道要寫什麼推文啦！」老實跟他說之後，阿健傳了好幾個推特帳號連結給我，都是所謂「港區女子[5]」的帳號。「明石先生，看看這些帳號。讀一下他們的推文。你發現什麼？」然後我注意到，他們會改變措辭或切入點，不斷重複發表相同的事情。

在資訊過多的現代，無論貼文主題多麼有趣，如果只寫一次很快就被淹沒了。因此，我採取用不同角度重複表達社群影片的精髓，好不容易吸引了一些追蹤者。

⑯要化爆紅為關注，請先創作一百個值得爆紅的內容

將這個思維應用到社群影片中，就能明白「控制期待」的重要性。

當人們觀看某個影片時，一定會抱持某種期待。例如總是活力十足的創作者能讓他噗哧一聲笑出來，或是內容能讓工作或學校的煩惱一掃而空。

不管是「好笨，很有趣」或「有所收穫，對將來有幫助」，根本上都是對內容的「期待」。而持續發佈能夠滿足觀眾期待的內容非常重要，因為受到關注的瞬間必然會造訪。

當爆紅的時刻來臨，轉化關注度為追蹤者或頻道訂閱人數的重點，就在「是否有另外一

百個可以跟爆紅內容一樣，滿足觀眾期待的內容」。有備無患，為此持續進行準備，正是獲取關注的必須條件。

5 港區女子：泛指經常出現在日本東京都港區的各種高級社交場合，藉此接觸上流階級或賺取額外收入的女性。港區是全日本平均收入最高的地區。

想引爆流量，先搞懂短影音最新趨勢

「TikTok爆款」顯示關注度經濟的影響力已是前所未見的強大，那麼，今後的社群影片內容會產生什麼變化？

⑰「兩秒」與「六秒」法則

我每天都感受到，製作內容的創作者這群「人」的存在愈發重要。吸引用戶關注的並不只是一支影片，而是製作出大量影片的創作者，而「創作者本身的角色鮮明」，是獲取關注不可或缺的條件。

在關注度經濟的世界中，為了讓用戶認識自己，TikTok創作者付出很多努力。例如，為了讓人從螢幕上曇花一現的畫面中一眼認出「是那個人的影片」，他們必須在每支影片中布置讓人眼睛一亮的華麗背景，這種視覺上的設計相當重要。

另外，現代的內容數量持續增加，用戶保持關注度的時間也愈來愈短。因此相較於YouTube時代，在TikTok時代必須用更短的時間說明「我是誰？這是關於什麼的影片？」TikTok上，如果無法在「兩秒以內」完成自我介紹，在「六秒以內」說明影片的主題，播放次數就不會增加。與YouTube時代相比，根據我的感覺，這個時間被壓縮了一．五倍左右。

⑱以「跳接」手法濃縮影片內容

在《影片2．0》中，為了說明影像和影片的不同，我提出「單位時間資訊量」的概念（Information Per Time，縮寫為IPT）。從影像到影片的革命，決定性的重點就在「資訊濃縮」。而其中一種「資訊濃縮」的手法，就是YouTuber創造的「跳接」編輯手法。

所謂跳接是指將會話及事件發展中多餘的部分盡可能刪除，只留下想要傳遞的資訊。使用跳接這種手法，可以顯著提高影片的單位時間資訊量，但與過往電視影像的編輯手法相比，容易讓人覺得不太自然，因此大多被視作禁忌手法。

但是這種手法在YouTube上卻是理所當然。因為YouTube用戶可以主動播放內容、跳過廣告，有時候還會以倍速播放，這種觀看方式的普及，自然讓重視「TP值（Time-Performance Ratio）[6]」的用戶尋求單位時間之內資訊量更高的內容。

⓳語速愈快愈吸睛！

這個趨勢也表現在數據中。以下是英語對話中每分鐘使用單字量的數據比較：

・普通會話：每分鐘約一〇〇個單字

・最受歡迎的五個TED演講：每分鐘約一五〇個單字

TED上精彩的演講，單位時間資訊量是普通會話的一・五倍。單位時間內的輸入內容愈多，觀眾感受到的TP值愈高。

那麼，我們就以YouTuber的數據來做個比較。

全球YouTuber史上年收入最高的「MrBeast」，頻道訂閱者高達二・三億人（為全球最多人訂閱的個人YouTube頻道，二〇二四年一月），二〇二一年時賺進約十三億元。他的影片單位時間資訊量是如何？答案是：

・影片開頭的前十秒：二五〇個單字

不用一分鐘，他只花十秒就輕鬆超越TED演講的單位時間資訊量。由此可見，吸引人心的創作者背後隱藏著祕密數字，那正是他們的魅力泉源。

⑳影片夠「有料」，才能靠「剪輯」加分

那麼，TikTok或YouTube短影音這類新平台出現以後，又對單位時間資訊量的重要性產生什麼影響？我認為，由於內容傳播力以及大眾對TP值的重視加速上升，我們現在更需要關注單位時間資訊量。

6 指內容帶來的效能與觀看內容所需時間的比值，也就是將性價比（Cost performance ratio，又稱CP值）中的「價錢」更換為「時間」的概念。

證據就是二〇二二年出現的「短影音」新風潮。短影音主要是由「剪輯師」重新編輯長度較長的YouTube原始影片或直播影片，將重點或單一訊息整理出來組成的。除了符合年輕人對高單位時間資訊量影片的偏好，這種經濟生態系統更對創作者和剪輯師都有好處，因而引發風潮。原始影片創作者和短影音剪輯師的收益分配是在雙方同意下決定，因此雙方都能享有獲利。

也有一些創作者，例如匿名論壇「2Ch（2ちゃんねる）」創始者西村博之先生，將剪輯師整合為組織，打造出能有效散布影片的機制。

過去，想要製作高單位時間資訊量的內容，就必須專注在「採集↓加工↓流通」中的「加工」階段，換句話說，需要一定程度的編輯能力以及作業時間。

但是「談話內容有料」、原始影片容易轉換為高單位時間資訊量內容的創作者，有短影音後就不需要自己「加工」了。只要把影片或直播內容放上平台，讓其他人自行「加工」後「流通」到YouTube和TikTok等平台就好。

接著，就會有用戶在看到短影音後主動搜尋、觀看原始影片，然後成為創作者的粉絲，形成一種反饋的現象。

短影音商機，如果沒有角色鮮明的創作者（發佈者）製作原始影片就無法成立。相反地，也可以說談話能夠維持高單位時間資訊量的人，在現代相當具有價值。

在一切都爭先恐後搶奪人們注意力的關注度經濟中，除了資訊密度以外，創作者本身瞬間就能吸引粉絲的魅力也非常重要。

這一點，與堀江貴文先生在著作《多動力》v中提到「製作可爾必思原汁」的理論相通。如果輸出的內容有如可爾必思原汁般濃縮，那麼其他人就可以自己調整成喜歡的濃度飲用，或者添加氣泡水做成可爾必思蘇打，也可以像我搭配牛奶做出更濃厚的口味品嘗。

《多動力》在二〇一七年出版，提倡的重點是讓所有人加入創作，隨心所欲地潑灑可爾必思原汁。而現在的影片產業和社群媒體都比當時更加興盛，像短影音的創作模式一樣，由平台提供「稀釋原汁」的機制，將來也許會成為常態。

「多動力」驅動個人成為跨領域的「越境者」，打造更加活躍的未來，可說是創作者經濟的核心。

行銷領域的主戰場，從「觸及」變成「關注度」

基本上，過往的行銷領域都是以「觸及（看到廣告的用戶人數）」為主軸來決定廣告價格。報章雜誌的「觸及」指標是發行數量，電視則是以總收視點（Gross Rating Point，縮寫為 GRP）來決定廣告費用。

在日本，收視率（世帶收視率）指的是以每戶家庭為調查單位，計算收看一個電視節目的戶數百分比。以世代收視率為基準，每分鐘收視率為一％的節目，播放一支電視廣告稱為一個收視點。每分鐘收視率一五％的節目播放三支廣告，就是四十五個收視點。電視節目會決定收視點的單價，而電視廣告就以這個價格進行交易。

過去，報章雜誌和電視都無法準確測量廣告內容是否確實被閱讀或收看，才因此開始使用觸及作為廣告媒體的價格基準。

進入數位時代以來，YouTube 等平台雖然已經能夠測量影片播放次數和廣告曝光次數（廣

觸及與關注的比較

觸及		關注
可以 （定量）	**能否測量**	有時候無法 （定性）
播放次數／ 曝光	**指標範例**	該內容抓住人心的程度
停留在認知階段 「好像聽過／看過」	**效果**	獲得熱情的粉絲群 「因為喜歡所以持續觀看」
可以用金錢購買	**可否購買**	無法用金錢購買
基本上是單次	**接觸方式**	持續接觸
對擁有較多資源的 企業和個人有利	**對誰有利？**	兩手空空的人也有勝算

告的顯示次數），但是大家基本上還是以觸及作為價格標準。這或許是因為，使用過去廣告交易的計價標準，比較容易向數位廣告轉型吧。

另外，現在的數位廣告，無論觸及率多高都很難贏過電視。電視的「觸及率」還是相當強大，而且以觸及單價來看，買電視廣告還更便宜。

㉑數位媒體的最強武器：「關注度」

那麼，數位媒體真正的價值究竟是什麼？

那就是，它並非只是產生認知，而

是像TikTok廣告詞「由興趣墜落」一般深入人心並激發行動。在這個結構中，主角不是「觸及率」，而是「關注度」。

與其花錢購買價值一百萬的觸及量，製作出能產生一百萬觸及量的內容可以帶來更豐碩的成果。而且在數位世界中，每天將該內容推送到用戶眼前的「流通」成本近乎免費。用錢購買觸及，根本是只對富人有利的遊戲。然而，現在就算不花錢買觸及，只要用自己做的內容聚集關注度就能夠把商品賣出去，還能創造「現象」。

關注比觸及更重要。為了讓大家更深入理解，我特別舉一個影片之外的例子。

二〇一八年，張貼於東京地下鐵「國會議事堂前站」和「霞之關站」的廣告在社群媒體上引起討論。這是配合肯卓克．拉瑪（Kendrick Lamar Duckworth）[7]訪日而貼出的廣告，類似公文紙張的廣告上，原有的文字被塗黑，寫上他的最新專輯名稱「DAMN.」。

當時日本社會都在關注「森友、加計」弊案，而在此漩渦中，只有這份廣告把政府發佈文件時塗黑資料的行為變成娛樂性質。然而，如果僅是如此，這份廣告還不至於受到世間矚目。它竄紅的重點就在，這個創作刻意只張貼在國會議事堂前站和霞之關站，也就是位在日本政治中樞的兩個車站，用塗黑文件的概念突顯張貼場所的背景。實際上，親眼在這兩個車站看到海報的人並不多，用手機拍照上傳到社群媒體的照片觀看次數反而更多。

因此，這個案例中用錢買到的觸及（車站使用人數）並沒有那麼多，但是因而誕生的關注度卻造成話題，最後讓廣告內容成功獲得更多觸及。

其實，行銷團隊原先只是因為廣告預算不足，所以尋思在這種情況下要如何打造話題？他們在多番思考後，提出「那就先縮小範圍，只貼在霞之關站和國會議事堂前站引發話題」這個企劃。

這就是藉由打造關注度讓觸及最大化的完美範例。負責這個廣告的是三浦崇宏先生帶領的公司「GO」。GO的概念是「應對各種社會變化與挑戰」。在現有的廣告業常識當中，廣告預算就是一切，創作性排在第二順位。GO則是利用創作的力量，顛覆過往媒體投入資金來決定勝負的遊戲規則，讓我們看了一場好戲。

我再強調一次。「關注度」正是沒錢、沒名氣，也沒人脈的人，贏過擁有一切的人唯一的祕訣。

7 美國知名藝人。他於2017年發行專輯《DAMN.》獲得普立茲音樂獎，是首位獲頒該獎項的饒舌歌手。

手機進步、拍片成本下降，人人都是自媒體

比任何企業更早搭上「由觸及轉向關注」的潮流，並且加以實踐與證明的，就是創作者。ONE MIDEA的合作創作者菅本裕子，在二〇二一年時個人營業額突破十億日圓，他身兼經營者與創作者，可說是創作者經濟的先鋒。

如果企業想要藉由購買「觸及」打造出十億日圓的銷售額，那麼光是初期就要投資好幾億日圓進行媒體採購。

然而菅本裕子利用自身粉絲社群打造關注度經濟，在不購買觸及的情況下就達成這個成果。他在二〇一六年設立YouTube頻道「裕子的人氣頻道（ゆうこすモテちゃんねる）」，並持續製作影片，這正是他成功的原因。

在影片3・0時代，像他一樣身兼創作者及經營者的案例大概會不斷增加。這件事是如何實現的？重點有兩個。

一個是Instagram、YouTube及TikTok這類適合傳播視覺內容的平台出現，同時，智慧型手機的進步也帶來自拍這項革命。

另一個就是實質成本降低。在電視時代，製作內容時的「採集」階段，需要寬敞的攝影棚和高達一千萬日圓的攝影機，在「加工」階段的編輯工作，則需要租借一小時租金大約二到五萬日圓的編輯工作室，到了「流通」階段，就需要靠電視訊號將內容傳達給觀眾，擁有許可證的電視台是既得利益者。要製作內容並且傳播出去，總共需要幾千萬日圓的經費。

進入YouTube時代後，個人也可以用單眼相機錄影，用電腦編輯，然後使用YouTube發佈影片，「採集→加工→流通」變得簡單而且低成本。當時單眼相機的價格大約是十萬日圓，電腦則是二十萬日圓左右，上傳影片到YouTube則是免費。也就是說在這個時代，總共只要大約三十萬日圓的成本，就能夠擁有使用視覺傳遞訊息的手段。

而如今來到影片3・0——TikTok時代，傳遞視覺訊息的成本再次降低。錄影可以使用智慧型手機，就連編輯也不需要打開電腦使用Adobe軟體，靠TikTok優秀的編輯功能也可以完成。做好影片以後只需直接發佈，實際上根本不必花費成本，就能夠將內容流通出去。

這種「零元的力量」，克里斯・安德森（Chris Anderson）曾在《免費——激進價格的未來》[vi]一書中揭示，透過「免費增值（Freemium）[8]」的力量，創作者的數量爆發性成長。現在，任何人都能製作視覺內容與創造關注度，自媒體時代已經來臨。

8 字面上是由「free（免費）」以及「premium（額外費用）」結合成的新詞彙，意指免費提供基本服務或產品，然後藉由收費制提供更進階的服務、功能及產品並以此獲利的商業模式。

這個時代，「兩手空空」的創作者才是強者

在影片3．0時代，內容及創意都走向零門檻。沒有錢、能力或經驗，也沒有人脈與知名度，「兩手空空」的人反而更強大。毫無經驗的創作者不會受限於既有常識，因此擁有巨大的機會。沒有人注意到你，就表示你能夠在不受任何打擾的狀態下實現偉業。

大企業、知名藝人或創作者，可能對TikTok這類陌生平台感到「恐懼」。因為在現有的商業模式和平台上，金錢、技術和經驗都「一手掌握」的人擁有龐大優勢，對他們來說，要進行新挑戰的風險很大。但是在新平台，「兩手空空」的人和「一手掌握」的人經驗值不相上下，「一手掌握者」就算有錢大概也不知道如何使用新平台，而新鮮點子或者能吸引同世代的創意也並非金錢可以買到的東西。正因如此，「兩手空空者」的機會就在這裡。

在過去，內容和創意是「一手掌握者」——也就是特權階級才能擁有的夢想，是只有少數人可以參與的遊戲。

我的出生地靜岡，過去稱為「足球王國」，那裡也有相似的情況。

在一九八〇到一九九〇年代，靜岡縣的高中在「全國高等學校足球錦標賽」獲得六次勝利，甚至有人說「要在靜岡縣預賽中獲勝，比拿下全國大賽還難」。隸屬於日本職業足球聯賽的清水心跳（清水エスパルス）和磐田喜悅（ジュビロ磐田）都是靜岡縣的隊伍，擁有大量明星選手，靜岡縣在職業賽的世界也表現強勁。

不過在二〇二二年十一月，這兩個隊伍都被降級到J2聯賽。雖然二〇二〇年靜岡學園在全國高等學校足球錦標賽中，睽違二十四年獲得勝利，但是靜岡縣的足球表現依然長期低迷。

小學時我曾在公民課上學過，靜岡縣在足球方面的優勢，是因為當時剛好有巴西歸國的老師，所以靜岡縣在二次世界大戰後，很快就將足球引入體育課教學。這就是所謂的「先行者優勢」。然而，隨著日本職業足球聯賽起步，日本加入世界盃足球賽，全國參加足球比賽的人口增加，靜岡縣不再是特別的存在。

同樣的事情，現在正發生在內容及創作業界。

許多個人創作者，以及因為人、物、財不足而無法參與遊戲的中小企業，紛紛取得關注度，開始挑戰電通、博報堂等大型廣告代理商的創作者，以及握有龐大廣告製作預算的大企業。

內容和創作產業就像足球一樣，已經成為「所有人」都能參與的遊戲。

活用社群媒體，人人都能在十五秒內爆紅

全球創作者來到上億人，在「兩手空空」方為強者的時代，「視覺表現」究竟可以帶來什麼革命？一言以蔽之，不就是「一舉逆轉」的現象嗎？

普普藝術的領袖安迪・沃荷（Andy Warhol）曾說：「在未來，每個人都能成名十五分鐘。」這是對電視的諷刺，當時能讓無名之輩爆紅的媒介是電視，但今後的世界並非如此。

原先遭到「一手掌握者」壟斷的內容和創作領域獲得解放，只要透過視覺表現吸引關注，過去沒沒無聞的個人、企業或服務，都能夠自己創造出「十五秒」的成名機會。

在上億人皆創作者的社會，人人都能靠自己的努力，而且不花錢就打造出「成名裝置」。無論你所求為何（一個好工作，或是想拓展自己的工作領域，抑或是想以創作者身分生活），這個裝置可以帶你跨越關注度經濟的大浪，讓你在任何道路上都更有優勢，成為你最強的武器。

Chapter 2

短影音的
全盛時代來臨

現在，世界上總共有多少影片創作者？

一萬人？十萬人？一百萬人？

答案是三億人，而其中大約一半居然都是在新冠肺炎疫情後增加的人數。世界已然踏入「大創作者時代」。

研究報告《創作者的未來》中對於創作者的定義，展現出了全新的價值觀。Adobe在報告中將創作者定義為**「每個月在社群媒體發佈內容一次以上，以提高自身知名度的人」**。這是刷新大家對「創作者」概念的歷史性轉捩點。

過去，你對創作者的聯想是什麼？

你的腦中是否浮現了這些工作？電影導演、廣告導演、服裝設計師、作家、視覺特效師（Visual Effects Artist）、音樂家、編劇、電視製作人……

直白地說，這只是過去身為既得利益者的創作者們為你植下的，根深蒂固且「先入為主」的觀念。

比方說，ＤＪ在以前並不被視為創作者。「ＤＪ不是只會播別人的曲子嗎？明明不唱歌也不會演奏樂器。」許多人這麼認為。

改變這股風潮的，正是科技帶來的媒體變革。現在音樂業界收入最可觀的「創作者」，毫無疑問地正是DJ。例如，老菸槍雙人組（The Chainsmokers）一場演出的報酬據說是五十萬美元。如果每個週末都有人開派對，只要一個月，他們就能賺到一般人工作一輩子都存不到的錢，令人難以置信。

另一位DJ凱文·哈里斯（Calvin Harris）的總資產上看數千億元，前女友還是知名歌手泰勒絲（Taylor Swift）。他在《富比士》「全球最賺錢DJ排行榜」上長達六年名列第一，可謂超級大明星。他最有名的故事之一是在訪談中表示，過去他只是個中午在家鄉超市工作的青年，總是默默挑選曲子播放，一直夢想著有一天世人會對自己的音樂感興趣，所以每晚都傳訊息給音樂業界人士。

你是否曾經聽過類似的事？日本頂尖YouTuber HIKAKIN也有相似的故事。他過去在超市工作的同時，也在東十條的木造公寓（員工宿舍）小房間裡「回音最漂亮」的浴室中，持續拍攝節奏口技影片並上傳到YouTube，建立了頻道的基礎。

全球知名DJ凱文·哈里斯和日本YouTuber的代表HIKAKIN，兩人成功的共通點是什麼？當然是在超市打工……才怪，顯然是他們依照自己的步調努力，並且活用YouTube等新媒體的緣故。

在Web2・0風潮中誕生的平台，不只將個人化為媒體，為世界帶來不可逆的變化，更改變了「創作者」的定義。

DJ和YouTuber都是過去不存在於創作者分類中的職業。由於科技催生出嶄新的舞台，因此時代需要活躍於新舞台的全新創作者，這就是大創作者時代的本質。

TikTok大幅降低成為影片創作者的難度為原來的十分之一。現在，每小時上傳到TikTok的影片數量已經超過五百萬支，我們生存在自古以來被最多內容包圍的時代。而創造這個結果的，無疑是新媒體的創作者。

由於創作者的定義範圍擴大，因此我想要先談一談短影音這個新領域。

短影音問世時，想必過去那些以傳統媒體為創作主軸的創作者，肯定會用他們堅硬到不行的僵化觀念提出許多批評指教。我也曾經收到來自前輩充滿愛（？）的指導鞭策，例如「光線怪怪的」、「這沒調色吧？」等等。這些指點，全是以在大型液晶電視收看為前提。

如果內容是使用手機或透過社群媒體供人觀看，那麼相同的預算和勞力應該分配在其他地方（本書內容重點）會更好。

短影音為傳播帶來以下三個變化：

①降低創作中拍攝、編輯、發佈的難度

②創造特效、音樂及剪輯等新生態系

③在短時間內將觀眾的興趣直接轉換成購買行動

應對這些變化，將是往後的企業行銷及公關人員最重要的課題。因為短影音帶來的變革讓許多創作者成為創業家，而他們將利用新媒體持續擴大自己的事業，與現有企業、品牌產生競爭。

像過去一樣花費數百萬到數千萬元製作廣告，與經銷商和電視台合作，花時間建立品牌形象以及宣傳，這種做法在我眼中簡直像侏儸紀的恐龍，雖然力量強大，但卻無法撐過「沒人看電視」這顆隕石帶來的冰河期。想要在劇烈的環境變化下生存，就需要新的方法。而比任何人都更早開始實踐新方法的，正是創作者。他們絕不是沉溺於自我表現欲而追求名氣的人。他們是走在時代最前端的商務人士。

你工作的公司，真正的競爭對手其實是創作者。

為了應對多如繁星的內容，人們的影音視聽習慣也有所變化。現代的Netflix和YouTube都可以加速播放，快轉的世界中，影片本身也必須縮短長度。

就連YouTube和Instagram也推出新功能，以因應TikTok所引爆的短影音需求。如今要在任何平台上有所成長，只能活用這些功能了。

短影音的銀河系，將會在被內容淹沒的宇宙中，綻放出最強烈的光輝。而支撐這道光芒的，是擁有超過五千名追蹤者的創作者們，也就是所謂的網紅。

如今，影音創作者區分得愈來愈精細，定義也更加寬鬆。例如YouTube剪片師、短影音剪輯師、TikTok編舞家、TikTok特效師等等，每個領域都有專業創作者的需求。

YouTube在日本創造超過十萬個就業機會，許多新創作者從社群影片的大爆炸中誕生，我也是其中一人。

社群影片讓視覺溝通不再是傳統企業和創作者的特權，而短影音則讓視覺溝通全面民主化。

可以說，短影音是一場革命。但是，革命的號角只有年輕人聽見。

本章要深入挖掘短影音與創作者帶來的進步。你是站在被革命推翻的那一方？還是取代舊勢力的那一方？這取決於你是否願意成為創作者。

別擔心，短影音能將一切化為可能。畢竟，世界上已經有三億人是你的伙伴了。

短影音時代：全球「露臉」風潮的極大成時代

㉒短影音的定義：六十秒內的直式影片

首先，我們從「短影音」的定義開始談起。

短影音一般是指長度在一分鐘以內的直式影片內容，這個定義包含了時間長度和畫面格式兩個條件。換句話說，即使影片長度少於一分鐘，如果畫面是以往16：9的橫式畫面，就不能稱為短影音。另外，就算是直式畫面，但影片長達八到十幾分鐘，也不能稱做短影音。

大約從二〇一二年起，短影音崛起的徵兆如梅雨般現身全球各地。

例如短影音的鼻祖——Vine（雖然影片畫面並不是直式而是正方形，且只能上傳六秒內的影片，這種極端限制對許多服務造成影響），推出服務後成擁有一億用戶，但最終因為經營不善而在二〇一七年關閉。許多Vine上的知名創作者如kemio（黑澤健太），便轉換跑道成為YouTuber。

巧合的是，Instagram也在二〇一六年推出二十四小時後會自動消失的「限時動態」功能。這個功能直接複製了風靡美國的Snapchat的特色。不過，比起作為製作直式影片的工具，Instagram反而將限時動態功能定位在展現用戶的日常。

而一舉統整這股潮流並讓短影音普及於世的正是TikTok，由字節跳動（ByteDance，公司全名為北京字節跳動科技有限公司）於二〇一七推出。

不過，TikTok最初並不是提供「影片服務」，而是以「音樂」起家。用戶可以把自己配合音樂跳舞的樣子拍下來，分享給朋友。由於TikTok主打「大家一起配合流行音樂開心跳舞的平台」，避開與YouTube等影片服務平台的競爭，因此在影片分享服務的市場中快速成長。

現在，TikTok用戶遍及一百五十多個國家及地區，更在超過七十五個國家推廣事業，根據全球最大App分析平台Data.ai（前身為App Annie）指出，國際版TikTok和中國版抖音的合計MAU（Monthly Active Users，每月活躍用戶數）今後將高達十五億人。

YouTube也在TikTok網紅的接連出現中感受到危機，因此於二〇二一年七月推出YouTube Shorts服務與之抗衡。可以說，世界正式跨入「短影音的全盛時代」。

TikTok大幅降低創作的門檻

短影音的流行，讓創作的進入門檻從大聯盟等級降低到社區棒球隊的程度，任何人都可以輕鬆體驗創作的樂趣。

第一個原因是，TikTok創造出包含了特效、音樂及剪輯的創作生態系，可謂偉大的發明。那麼，為什麼TikTok最初要假裝成「音樂APP」？這點可以看作是TikTok在反思Vine的失敗後採取的策略。

試著想像一下，如果有個人對你說：「請用手機拍一支影片。」大部分的人都無法馬上做到，對吧？恐怕在一百個人當中都找不到一個能做到的人，而那些少數擁有才華的人才能成為創作者。

然而，如果提供各種音樂，並且提議「配合這些音樂跳個簡單的舞蹈」，能辦到的人就大幅增加了。而TikTok推出這項服務的背後，也包含從短影音應用程式musical.ly[1]延伸出的一連串原因和背景。

TikTok結合了年輕人最愛的兩大手機娛樂：音樂和自拍，產生與YouTube截然不同的嶄新文化，最終孕育出完全不同於以往的創作者型態，堪稱奇蹟。

這個奇蹟拓展了社群影片的概念，影片不再是擁有特殊才華或品味的人才能製作的作品。換句話說，內容和創意的零門檻讓TikTok用戶爆炸性增長，並且進一步開發出特效等劃時代發明。

四十歲左右的日本人大多曾經使用過「拍貼機」。比起附有鏡頭與底片的「即可拍」相機（QuickSnap），拍貼機更能夠拍出有趣的照片，因為機器會「提供指引」，先告訴你「請擺出這個姿勢」，接下來還會引導你進行修圖，讓照片更可愛或帥氣。

而TikTok特效可以幫助你一站式完成這些功能。在製作影片時，TikTok介面會逐步引導用戶，同時將用戶的臉孔修飾得更「上鏡」。如果以傳統影像時代來比喻，就像是為你設置好適當的燈光與攝影機，並且設計好構圖與分鏡腳本，告訴你接下來要用什麼流程進行拍攝。TikTok正是用科技實現了這一點。

TikTok的策略大幅降低了製作短影音的難度。用戶不需要自己思考「該怎麼做」也可以參與其中，這正是TikTok的偉大之處。

相較之下，YouTube Shorts和LINE於二〇二一年十一月推出的短影音服務「LINE VOOM」考量就不如TikTok嚴謹周全，令人遺憾。

目前的YouTube Shorts和LINE VOOM彷彿變成TikTok創作者的「小帳」，雖然一些有名的TikToker會使用這些服務，但YouTube Shorts或LINE VOOM上尚未大量出現新的網紅。

此外，最近Instagram連續短片（REELS，可以分享最長九十秒的影片）和YouTube Shorts影片中經常出現TikTok商標，代表這些平台上的影片大多是從TikTok轉發的。對字節跳動來說，這等於是用戶利用其他平台免費幫忙宣傳TikTok，可說是免費增值最為理想的腳本。

然而，字節跳動開發的TikTok影片編輯器「CapCut」，依然提供了畫面無須加入TikTok商標的選項。換句話說，他們考量到某些創作者抱有「如果影片中有TikTok商標就不能分享到其他平台」的想法，讓用戶可以做出沒有商標的TikTok風格直式影片。

類似YouTube Shorts和Instagram連續短片等短影音發佈平台愈來愈多樣化，不過從結果看來，使用CapCut或TikTok製作短影音的創作者數量成長最多，可以看出字節跳動選擇優先與短影音創作者建立深厚的信賴關係。

1 musical.ly是由美國Musical.ly, Inc.開發的影片共享服務（影片共享ＡＰＰ）。這個社群軟體可以搭配當紅歌手的音樂拍攝15秒的「對嘴影片」並分享，非常受歡迎。２０１７年11月，TikTok宣布收購此服務。

短影音風潮的另一個成因，是智慧型手機的普及降低了人們對自拍的抗拒感。在互聯網時代初期，很多人對於在網路上「晒」出本名和容貌感到很「害羞」。在那個世代的人眼中，像現代一樣「到處晒自己的短影音世界」或許相當詭異。

但這可能是世代差異的問題。YouTube目前的主要用戶是千禧世代（出生於一九八〇到二〇〇〇年的人），而喜歡TikTok的主要是Z世代。Z世代是智慧型手機與社群媒體的原生世代，也就是在社群媒體原本就存在的前提下長大的。他們從小看著YouTube創作者在網路上大方露臉，因此對於在社群上露臉的想法也不同於過去世代。

我屬於千禧年世代，或許是因為這個世代在電視和網路共同發展的世界中成長，所以對於能否接受「容貌曝光」也存在著分歧。

但是對Z世代來說，短影音中套上特效的自己，既是真實的自己卻又不太一樣，比較像是自己的虛擬替身。也就是利用濾鏡和特效把自己轉化為替身，那麼「將容貌曝光在全世界面前」也就不那麼令人害羞了。在Z世代眼中，上傳到數位世界的自己，或許是屬於二・五次元的理想樣貌。

α世代，人人都是創作者

㉓了解數位原生代，才能製作出好內容

Z世代目前正引領著短影音的發展，而接下來的α世代（二〇一〇年代中期之後出生的人）將會繼承這個潮流。接著，我想深入探討α世代的想法。

首先從「資訊接收」的觀點來看。Z世代和α世代都已習慣用電視觀看YouTube。如果打開客廳裡的電視播放普通電視節目，α世代肯定會抱怨「為什麼節目是從一半開始啊？」「為什麼沒辦法從頭看？」因為相較於「流動型」的電視節目，α世代更熟悉的是「庫存型」的影片。

α世代的強大之處就在於，他們身為數位原生代，更能熟練與自然地接收與發佈資訊。

Z世代之後出生的人，每當想要發表什麼時都習慣用「短影音」來表達。而α世代孩子

的家長則經常表示：「孩子想要說明一件事情時，會突然用YouTuber的語氣說話。」比方說：「這種優格之所以好吃，其實是因為裡面加了草莓！」等等。

α世代表達訊息的方式，是以觀眾正在觀看自己為前提，彷彿面前有鏡頭正在拍攝自己。總結來說，他們會推測自己的言行舉止在視覺內容中看起來是什麼樣子。而這種認知，在過去只有少數上過電視的人才能擁有。

如今，許多家庭除了幫孩子拍照以外，也會錄下影片。α世代就在這種生活中想像著自己成為YouTuber或TikToker，看著自己模仿其他創作者拍出的影片，不斷進行PDCA循環，磨鍊出創作的能力。

反覆觀看短影音的行為，對他們來說，或許近似於成為創作者的培訓過程。

內容夠「短」才能紅嗎？

以前，我們如果有什麼想法想要表達，就只能靠撰寫文章。一直以來，學校及職場都告訴我們，只要持續讀書，吸收內容後輸出，就能寫出好文章。寫字（製作文字內容）不需要成本，任何人都能練習書寫文章。

相較之下，拍攝影片需要攝影機，而這在一般家庭中並不普遍。但是，智慧型手機卻將隨時錄影這件事化為可能。

在接收和發佈資訊都仰賴手機的習慣下，Z世代和α世代經過社群影片的訓練，很有可能創造出前所未見的內容。

就像是過去沒有機會發表文章的人，在部落格出現以後成為「部落客」，因此出現許多新作家，近年來從推特誕生的作家也不斷增加。同樣的情況，將來肯定也會發生在影像與影片創作者的世界。

關於社群影片，經常有人問我「短就是正義嗎？」接下來我將提出自己的看法。

此外，最近除了CP值跟TP值，「心理效能」和「關注度效能」也受到許多矚目。究竟**「引起關注」**在內容世界裡具有什麼意義？

㉔影音會因應商業模式，調整最適合的內容長度

在音樂的世界裡，目前熱門歌曲的長度大約是三分鐘。

而歌曲沒有前奏就忽然進入副歌的趨勢，起因於音樂串流平台的分潤條款規定，用戶聽歌的時間必須超過三十秒，音樂公司才能獲得收益。

因此，製作人無論如何都要讓用戶聽完三十秒。這種渴望造就了歌曲前奏極短，或是根本沒有前奏就直接進入主旋律的潮流。

「開頭直接進副歌」、「沒有吉他獨奏」等現象，對於習慣有長段前奏或吉他獨奏的傳統搖滾樂迷來說，是相當驚人的變化。

話雖如此，這並不是最近才發生的事，類似的情況以前也曾經出現。從黑膠唱片轉換到CD時代時，「開頭直接進入副歌」的歌曲也大量增加。因為在這個時期，商業廣告曲通常

都能夠大賣。比如金曲製作人兼音樂人小室哲哉的曲子，幾乎都是以副歌為開頭。

我們將CD時代購買唱片的行為，用類似使用者旅程（User Journey）的概念來分析看看。

放學之後，你穿著制服衝進唱片行，用店裡載入了新專輯的試聽機聆聽歌曲的開頭。CD和黑膠唱片不同，只要點選歌曲就會自動從頭播放，真是太方便了！而最後，你終於找到收錄了「那首廣告曲」的CD，將它買回家。

媒體視聽方式和整體商業模式的不斷改變，逐漸定義出內容的樣貌。二〇二〇年代出現的內容總量，和過去的二〇〇〇年代及二〇一〇年代相比，出現爆發性的成長。

因此，不管是從用戶的CP值和TP值，或是從內容製作者的經濟合理性來看，「短就是正義」的趨勢確實已經到來。

迄今為止，YouTube的世界中，在八分鐘以上的影片裡插入片中廣告是主流的盈利方式。然而從二〇二三年二月起，YouTube上的短影音也開放盈利功能。如果短影音中也能插入廣告，將來短影音創作者應該會逐漸增加。

Z世代之後出生的人已習慣接收非常龐大的資訊量，因此有些人連Netflix都會以倍速觀看，他們處理訊息的能力也相應地提升。就像我們觀看一九七〇到一九八〇年代的電影時會感覺節奏很慢，「速度」的標準正在不斷變化。

改變的不只有內容長度，還有「資訊壓縮」程度，也就是單位時間資訊量。隨著商業模式改變，資訊的接收者和發佈者都無法抵抗這股潮流。大概只有像山下達郎一樣，堅決不加入音樂串流平台的樂壇大師，才能說出「年輕人一聽到吉他獨奏就跳過」是「怠惰」的表現。

因此，雖然長篇大論了一番，但我的結論是**「短就是正義」**。「兩手空空」的人如果好好利用這個趨勢，必定能夠掌握機會。

三大社群媒體，開啟短影音的全盛時代

YouTube、Instagram及TikTok建構出短影音時代，在第二章的結語中，我想重新概述這些媒體的特徵。

25 YouTube：創造「影音自媒體」風潮

YouTube誕生於二〇〇五年，開創了由YouTuber個人發佈內容的新領域。過去的網路平台、部落格和推特也都是個人的舞台，但內容基本上以文字為主。而YouTube為內容領域帶來了嶄新的「視覺」要素。

歸根究柢，人類具有「對其他人的臉感興趣」的習性。YouTube上有各式各樣的影片縮圖畫面，其中縮圖出現人臉和沒有人臉的影片，點擊率（Click Through Rate，簡寫為CTR，點擊次數與曝光次數的比率）完全不同。畫面有人臉的影片點擊率明顯更高，也就是觀眾點擊觀看影片的意

YouTube、Instagram 及 TikTok 帶來媒體革命

	YouTube	Instagram	TikTok
概念	自媒體	個人與非語言內容的接觸管道	任何個人都可以化身創作者
創新之處	以視覺畫面為前提發佈資訊	以主題標籤連結人們的興趣	推薦機制的發明
成果	突顯出露臉的優點	對搜尋引擎的反擊	提供平等獲得關注的機會

願，取決於縮圖畫面是否出現人臉。

觀眾在了解影片內容之前，更關心的是「畫面裡那個人的臉」，也就是對「那個人本身」有興趣。而 YouTube 的偉大之處就在發掘這個本質，最終實現了「自媒體」的出現，也開啟當今的創作者時代。

㉖ Instagram：以主題標籤相連的視覺世界

接下來談一談 Instagram。早期 Instagram 吸引大家的是整齊的介面以及「Instagrammable」這個詞彙所代表的世界觀，並不只是因為「人」。

而Instagram最重要的發明就是「主題標籤」。部落格時代就有主題標籤，不過在文字為主的平台上意義不大，因為許多人認為「既然都是文字，那麼直接『搜尋』就好啦！」

然而，Instagram強調非語言要素，而且用戶的關注對象不是「人」而是「話題」，只有主題標籤才能夠用共同興趣連結人們。Instagram正是這股新潮流的推手。

過去，如果發佈「我喜歡球鞋」或「我對室內裝潢有興趣」等訊息，大家也只能用文字回覆，讓溝通顯得有些單薄。但是Instagram結合主題標籤與視覺元素，打造出讓五花八門的世界觀可以彼此相連的場所。

此外，在Instagram出現之前，搜尋引擎一直由Google主導，然而Instagram卻靠主題標籤成為能與Google打對台的存在。

Instagram作為尋找視覺資訊的平台以及介紹店家或衣服等「新發現」的場所，優越性都無可比擬。因此也出現所謂的Instagramer，他們會在貼文中加入大量主題標籤，「以大家的興趣為主題，呈現出個人風格」，這也讓Instagramer逐漸發展為網紅。

這和YouTube的發展方式完全不同。YouTube的世界重視「人」，吸引用戶的是「那個人做了什麼有趣的事」；Instagram上則是先有「情境設定」，而個人是以「我在這個情境裡的定位」來表現。

㉗ TikTok：「推薦機制」創造更多曝光

TikTok 最重要的發明，首先就是「推薦機制」。

TikTok 出現之前，YouTube 和 Instagram 創作者較勁的方式就是看誰的追蹤者多。然而，TikTok 透過機器學習技術建立推薦引擎，用戶什麼都必不做，符合興趣的影片就會不斷出現在眼前，正如 TikTok 的廣告詞「下一個你會喜歡的東西。」TikTok 為用戶創造出與之相遇的機會。

因此在 TikTok 上，即使沒有大量粉絲，甚至是「今天才開始用 TikTok」的新手，都能夠獲得被廣大用戶看見的機會。TikTok 大量創造取得關注的機會，而且這些機會完全平等，這正是 TikTok 最厲害的地方。

在推薦引擎的幫助下，TikTok 自然聚集許多渴望發表新事物的人，而他們同時也靠著 TikTok 的特效、濾鏡和音樂等功能，迅速成為創作者。

成功讓創作者人口大量增長，可說是 TikTok 快速成長的祕訣。

Chapter 3

短影音時代的生存指南

㉘ 一個畫面，勝過一百個詞彙

走進最近受到熱烈討論的餐廳吃午餐，坐下時，大家都努力地滑動手指。在這間店應該要點什麼？他們搜尋的平台不是美食介紹網站，而是Instagram或TikTok。一個畫面，比一百個詞彙更能表現出事物的本質。無論多麼美麗的辭藻，在人人使用智慧型手機的現實面前都顯得無力。因此，我們吃著鬆餅和辣炒年糕的同時，餐廳也正努力開發「值得上傳Instagram」的菜單。

不只美食資訊服務，就連日本某家知名食譜服務網站也面臨轉折點。以「一撮鹽……接著倒入少許醬油……」等文字為主的知名食譜網站服務，目前正因為付費會員減少而面臨經營困難。

Google搜尋趨勢中，從「食譜」的搜尋熱度變化可以明顯發現，自從二〇二〇年五月起全世界因為新冠肺炎疫情而加強外出限制，人們對食譜的需求也大幅提升。

然而，這時成長的並不是老字號文字服務網站，而是影片型食譜服務網站。

許多領域的內容由文字轉向影音化

文字	▶▶▶	視覺化
Google	**搜尋引擎**	YouTube
文章	**藝術**	繪畫、照片、影像
五線譜	**音樂**	黑膠唱片、CD、音樂串流服務
文字食譜	**食譜**	食譜影片
食記部落格	**尋找餐廳**	Instagram、TikTok

㉙擺脫「文字至上的成見」，善用影音的影響力

過去，依賴搜尋引擎優化（Search Engine Optimization，以下簡稱SEO）並以文字內容為主的網路媒體，正面臨商務模式的崩毀。Google搜尋引擎獨霸的時代將走向盡頭。

那麼，你知道世界上市占率第二名的搜尋引擎究竟是誰嗎？

不是別人，正是Google旗下的YouTube。影片分享網站YouTube，同時也是世界上最大的影片搜尋引擎。

這個世界上，我們能夠斷言「文字是最佳表現方式」的事物，或許比想像中來得更少。

但是，就像在過去無法「錄音」的時

代，音樂家們只能使用「五線譜」將自己的音樂記錄下來一樣，以包含記號在內的文本傳遞訊息的時期持續長達五百年以上，令人難以置信。

直到一九〇〇年代，盧米埃爾兄弟（Les frères Lumière）開發出電影機，世界上才出現能夠讓別人直接了解你眼中景色的魔法，儘管之後能夠使用這項技術的只有電影和電視業界中少數擁有特權的人而已。

正因為已經習慣這個前提，我們很難脫離「文字至上」的固有觀念。

二〇一九年時，我曾向前述知名食譜服務網站的員工建議：「貴公司要不要也提供食譜影片？」他們乾脆地回應：「影片乍看之下感覺更好理解，但是對第一次挑戰料理的人來說很容易失敗！還是文字比較好。」我也莫名地被他說服了。事到如今，我對於當初竟然接受了那個說法感到非常羞愧。

如果要擴大市占率，那麼用戶烹飪失敗的機率根本不需要列入討論。重要的應該是，沒有烹飪經驗的人會因為看到食譜影片而想要跨出第一步挑戰看看，因此從結果看來，烹飪的人確實增加了。相較於文字型食譜，食譜影片在吸引新用戶的方面無庸置疑地具有優勢。然而，比任何人都致力於「影片」領域的我，在面對其他業界的人說出這種既定觀念時，都不禁有些畏縮。這也顯示**「文字至上的成見」**有多麼堅固。

30 影音化——應時代需求誕生的新商機

其實大家所處工作領域中的各種場景，都受到文字至上的成見所支配。當你猶豫「這個，用影片表達或許比較好？」時，下一個機會也正從你眼前經過，而要不要抓住機會，完全取決於你。

任何人都可能因為文字至上的成見而低估社群影片的可能性，畢竟就連日本最大食譜服務網站公司的菁英們也是如此。此外，健身業界也因為新冠肺炎疫情時發生巨大變化。

過去健身業內普遍認為「線上課程絕對不可能流行」，畢竟健身業提供服務的前提是實體教學，因此當然會質疑「線上課程沒有人會買單吧？」

不過，讓我介紹兩件重要的事實。

首先，二〇二〇年嶄露頭角的新人YouTuber和網紅中，許多人是以居家訓練為主題的健身網紅。另外，線上瑜伽、線上健身等提供教學影片服務為主的品牌，也因為這場疫情而快速成長。從這兩點就能明白，憑刻板印象就直接否定線上課程是錯誤的。即便是經營實體健身房的知名教練，現在也都開始以線上課程為主要業務。

「文字比較容易表達（因為以前都是這麼做的）。」「還是要面對面才行（因為以前都是這樣）。」這種文字至上或面對面至上的成見，都是基於某些人過往先入為主的觀念而形成的舊習，這些觀念都應該被打破。

㉛影片的三大原力：流動性、資訊性、可信度

你知道嗎？美國曾因為短時間內發生多起恐怖活動造成飛機停飛，促使線上會議的盛行，隨後形成常態。不只這個例子，其實影片及即時影像在各種領域中都帶來不可逆的變化。現在不管是什麼行業，與新用戶接觸的主要途徑都在社群媒體上。而社群媒體的主角不再是文字或面對面交流，而是社群影片。

只要能活用社群影片，並理解視覺表現的優勢，你就能夠加速實現目標。

而社群影片的優勢，可以整理為以下三點。

①流動性

社群媒體上，影片比文字更能廣泛地將內容傳遞給用戶。只要影片內容有機會傳播出

去，引發討論的機率也會上升。

②資訊性

影片可以活用文字資訊以外的表現方式（視覺和聽覺），提高單位時間資訊量。

③可信度

影片比文字更能夠突顯內容發佈者的存在感，因此用戶更容易對創作者產生信任。

在本章中，我將為你解說社群影片的優勢，而這些資訊，就是在工作中活用短影音行銷的基礎。

這些知識一定能夠幫助你。畢竟在這片大地上不曾有過如此的時代，充滿這麼多攝影鏡頭，而且四處皆是螢幕，展示著某個人的創作。

社群媒體的主角由文字轉變爲影片

本章中，讓我們以「文字vs影片」的觀點，逐步了解社群媒體的主角從文字轉向影片後對各個領域造成的改變。

利用視覺表現傳遞訊息的方式，並不是現代才出現的。例如，「政治宣傳（Propaganda）」這個詞彙原先的意義是資訊戰和心理戰，但是也經常帶有政治含意，例如用於表示宣傳戰和輿論戰等。

本來，宣傳、廣告及公關活動都屬於propaganda的一部分，但是現代人對這個詞彙有不良印象，因此日常生活中很少使用。這是由於國家社會主義德國工人黨，也就是納粹黨，曾經使用政治宣傳來發揚國威並提高自己的支持率。

一九〇〇年代到二〇〇〇年初期，德國有位名為蘭妮・萊芬斯坦的天才電影導演。希特勒受到他的作品感動，因此拜託他拍攝納粹黨大會的紀錄電影。於是蘭妮・萊芬斯坦製作了數支電影，其中「意志的勝利」（一九三五年）這部作品對於後世的影響尤其遠大。

這部電影原本是希特勒演講的紀錄片，但是蘭妮卻大膽剪輯演講內容。電影的重點不在傳達演講的實際內容，而是把那些看起來很厲害的片段以類似「剪輯」的方式串連在一起。

電影中的攝影方式也使用了在當時相當嶄新的手法，以軌道移動攝影機，使這部紀錄片充滿藝術美感。此外，鏡頭拉遠的手法也很厲害，電影中更大量出現北韓式軍隊行進及團體活動等畫面。

據說，滾石合唱團的主唱米克・傑格也會在演唱前多次觀賞《意志的勝利》以提高士氣，可見這部作品充滿視覺力量。

希特勒深諳用視覺講述故事的優勢，因此他為了這部觀眾根本聽不出他說了什麼，但是看起來很厲害的電影付出龐大預算，並且利用這部電影實現自己的目標。

希特勒的親筆著作《我的奮鬥》（一九二五年）和他親自主演的視覺內容《意志的勝利》，哪一部作品對增加納粹支持者的影響更大？雖然缺乏相關數據，但我認為《意志的勝利》貢獻程度更高。

我再次重申，當時製作視覺內容相當耗費成本。順帶一提，《意志的勝利》甚至為了電影拍攝而建造黨大會根本使用不到的電梯，這種花錢方式令人難以想像。

我想表達的不是只要花錢就能做出了不起的內容，而是以前製作視覺內容所需的成本，由於科技進步和各種創意應用，已經趨近於零。這使得個人也能夠活用視覺的力量吸引他人，更為各種領域帶來前所未有的變化。這就是本書要告訴大家的重點。

接下來，我將分享自己深刻感受到時代的主角「從文字轉向影片」的故事。

㉜影片能夠傳達無法化為言語的情緒

那是在二〇二二年國際足總世界盃時，日本對戰德國的夜晚。

《影片2・0》的編輯，同時也是我的朋友箕輪厚介先生，打算與某位企業家一起搭乘私人飛機前往卡達觀賽。然而，由於電子簽證申請系統當機，只有他無法搭上飛機。箕輪先生在私人飛機起飛地點，上傳了長達七分鐘左右的影片，內容是「我沒辦法去卡達了。」當時是半夜兩點，我剛結束聚餐回到家，隨手打開手機，就看到不久前他上傳影片的通知。

原本以為能前往卡達，結果卻去不了，無論如何都趕不上日本對德國的比賽了。他就這樣結結巴巴地說著，這段影片彷彿是他靈魂的吶喊，非常有趣。

若是以前的箕輪先生，在發生如此震撼的事情，也就是「很有哽的事情」時，肯定會將整個過程用文字寫出來。在箕輪先生的著作《除了死，都只是擦傷》中曾經提到他在印度遭遇搶劫，當時他也心想「好想趕快把這個經驗轉化為內容」，所以立刻前往當地的網咖，把文章上傳到mixi網站。

過了二十年，現在他則是把有趣的經驗拍成影片，上傳到YouTube。不是使用電腦，而是用自己的智慧型手機，將當下的心情分享給大家。那時明明是三更半夜，影片卻已經被觀看了數千次。

這時，我澈底感受到「由文字轉向影片」的時代變化。

我也發現，在這一屆世界盃裡，發生重大事件時，大家查詢資訊的來源似乎不再是主流媒體，而是轉向推特等社交媒體。

日本打贏西班牙時，我則是在第一時間閱讀了箕輪先生的推特。我並沒有去看大型新聞媒體或者足球相關的媒體報導，而是想知道自己認識的足球愛好者是如何看待這場勝利的。

他上傳到推特的是日本獲勝、大家歡欣鼓舞的瞬間的影片。不管是無法前往卡達的懊悔，或是日本贏過西班牙的喜悅，甚至是無法化為語言的靈魂吶喊，都能靠影片傳達，這就是影片內容相對於文字內容的優勢。

影片隱藏的三個偉大力量

為何現代社群媒體上，訊息的傳播型態會由文字逐漸轉向影片？接下來，我就從「流動性、資訊性、可信度」這三個觀點來詳細分析「透過影片溝通訊息」的優勢。

33 流動性：方便隨時觀看

社群媒體上，影片比文字更能廣泛地將內容傳遞給用戶。只要影片內容有機會傳播出去，引發討論的機率也會上升。

在思考從圖像到影片的內容變化時，我的腦中經常浮現一個畫面：在電視尚未普及的一九五〇年代，人群聚集在街頭電視前，專注地看著職業摔角手力道山使出手刀的英勇姿態。

隨著家家戶戶都擁有一台電視，電視節目開始以「客廳」為觀看單位，街頭電視逐漸消

傳統媒體與社群影片的比較

[傳統媒體]　　**[影片、社群媒體]**

每戶一台

- 電視、收音機等
- 同時在同樣平台上收聽或收看相同內容
- 有如享用套餐，必須好好坐下來，品嘗一連串的體驗

每人一台

- 智慧型手機、平板等
- 在不同時間、不同平台上收看或收聽不同內容
- 有如漢堡，可以用單手拿著邊走邊吃

失。後來，有些人會分別在客廳和房間裡都放電視，接著是電腦和智慧型手機普及後，每個人都擁有一個螢幕。

這樣一來，大家同時觀看相同內容的情況，只會在重大活動時才發生。每個人在不同時間點，利用不同平台享受內容的時代中，要將大量的圖像傳遞給眾多觀眾，對於製作者來說變得非常困難。然而，如果利用流動性高的影片來包裝內容，並且透過社群媒體傳播，也並非不可能的任務。

影片就像是料理中的漢堡，可以單手拿著，隨時輕鬆享用，而且還很美味。相對地，書籍和電視節目則像是豪華套餐，讓人想要坐下來好好享用內容。

或許有人會反駁「有些電視節目也適合輕鬆觀看啊！」不過那就像是涼麵，雖然可以快速享用，但也不能隨身攜帶並以單手進食。

人們開始可以將這些「美食」隨身攜帶後，不管在什麼時間與地點，都能品嘗各種內容。用來看短影音的平台有很多，如TikTok、Instagram、YouTube或是內嵌在部落格和網站裡的影片播放機等，任君挑選。

如果是書本的話，就算是閱讀電子書也需要使用Kindle等閱讀器或應用程式（以前我曾經想要從Kindle引用內容發佈到推特上，這又是另一件麻煩事）。在這方面，影片只需要複製網址，又或是上傳影片檔案就能隨身攜帶。對於想傳遞內容的人來說，比起文字還不如選擇影片更有效率。

❸❹ 資訊性：同樣的觀看時間，卻能提供更多資訊內容

> 影片可以活用文字資訊以外的表現方式（視覺和聽覺），提高單位時間資訊量。

或許有人認為：「那你不把這些內容拍成影片而是寫成書，不是非常矛盾嗎？」我因為撰寫書籍，深知書籍在傳達系統化知識和資訊時擁有的力量。然而，若要將內容逐一細分並

傳遞出去，我仍然認為影片所具備的資訊性及單位時間資訊量是無法比擬的。

影片能夠利用視覺和聽覺來傳達文字以外的訊息。「一個穿著黑衣的男人站在那裡。那男人一臉陰森地緩緩朝這裡走來。」這樣的描述，視覺上只要一瞬間就能表現出來。

世界上有很多「用文字難以表達的事物」，也就是非語言的資訊。比方說，五線譜並不能用來「聽」音樂，如果莫札特出生在現代，那麼除了樂譜，他的音樂或許還會以影片形式保留下來。正因為音樂無法以音樂的原貌保留下來，所以才有五線譜的發明。同樣的道理，由於製作料理的過程無法直接保存，所以才有人開發出食譜。

正因為這個世界上有許多無法以原貌保存的非語言資訊，所以人類才不斷挑戰將各種事物以文字留存下來。

然而，如今只要拍成影片，就能直接保存視覺和聽覺等非語言資訊。正因為影片的單位時間資訊量如此龐大，所以許多文本都被影片取代，這個趨勢已無法阻擋。

35 可信度：比網路文章更受用戶信賴

影片比文字更能夠突顯內容發佈者的存在感，因此用戶更容易對創作者產生信任。

相較於影片，文字還有一個弱點，就是很難證明「是誰寫了什麼」。這幾年愈來愈常看到濫用Google搜尋引擎優化的假新聞，以及讀到最後都看不出結論的「針對○○進行的調查」等部落格文章。這不僅限於娛樂圈的八卦，甚至延燒到醫療資訊領域，這正是「WELQ問題[1]」。醫療資訊網站「WELQ」上甚至有「肩頸痠痛的原因為何？或許是幽靈」這種傳說等級的文章。我認為這些文章之所以出現，應該是因為匿名發佈機制。如果發佈者的身分是公開的，因為擔心引發抨擊，就不容易做出如此不負責任的內容。

文字所面臨的環境，在AI出現以後又變得更加棘手。

近年有大學生使用AI聊天機器人ChatGPT撰寫學校的報告，教授也表示「無法判斷是不是AI寫的」。不過ChatGPT的問題之一是它有時會一本正經地陳述明顯錯誤的訊息，因此即使用ChatGPT寫出看似有模有樣的報告，如果內容錯誤也無法得到分數。

此外，一些業者甚至開始使用ChatGPT等工具自動產生SEO文章。由於有效的SEO文章有固定架構，這個領域就容易用AI替代人力。

過去，網路上的垃圾文章是透過群眾外包模式由大量兼職人員撰寫而成。而現在，這些工作不再需要人類執行，而是由AI承包，實在過於諷刺。

如今，愈來愈多人參考影片中的資訊，尤其是個人發佈的影片，這或許也是因為「露臉發表訊息」成為一種反對匿名內容的方式。

定期收看某個人的內容，產生的親近感會轉化為「〇〇這樣說」的信任感，因為觀眾可以看見發佈者的面孔，逐漸累積信賴感。這也是YouTube和TikTok創作者更容易打造粉絲社群的理由。

1 2017年時日本醫療資訊網站「WELQ」因為量產錯誤且品質低落的醫療類文章而遭到眾人撻伐，最後關閉網站。由於這類網路媒體是利用SEO增加曝光，因此Google事後也大幅更新關於健康及醫療資訊的搜尋演算法。

從圖像、影片到短影音——回顧影像型態的創新

一八九五年法國的盧米埃爾兄弟發明電影放映機，可以拍攝及投影畫面。同年，他們製作了一部記錄工人走出工廠的影像作品《工廠出口》，被認為是世界上第一部電影，雖然在現代的我們眼中這不過是無聊的紀錄影像。

然而，影像文法的創新便是由此開始。電影和電視成為一大產業，電影螢幕和電視畫面也愈來愈大。

不過，2007年iPhone誕生之後，內容製作方式和愈趨大型化的影片螢幕也出現變化，影像畫面反而逐漸縮小。

36 從用戶的觀看習慣，學習「成功的內容做法」

這個革新的本質在於畫面縮小後產生「人與影像的關係變化」。

影像文法的創新

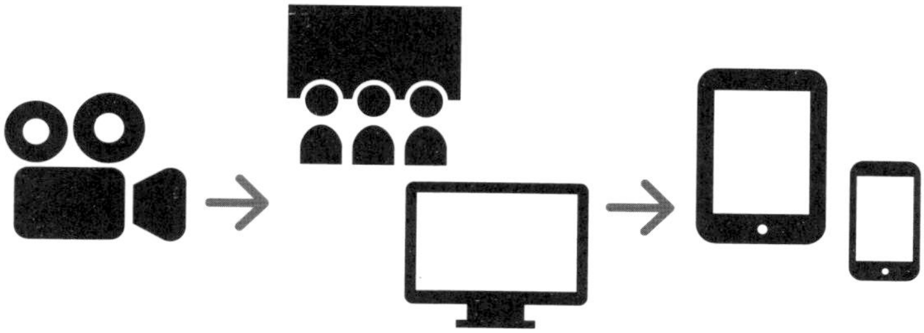

[投影]

- 發明電影放映機

[電影、影像、電視]

- 電影及電視成為一大產業
- 畫面尺寸大型化
- 和其他人一起觀看
- 所有人同時接觸內容
- 高單價
- 內容數量有限

[平板、智慧型手機]

- iPhone上市
- 畫面尺寸小型化、可攜化
- 獨自收看
- 能在碎片時間內接觸內容
- 成本便宜
- 內容數量可無限增加

智慧型手機不只把畫面變小，也把人類接觸影像內容的時間切分得更細碎。不管是等待餐廳上菜的空檔，又或者只是轉車時的一分鐘，也能接觸內容，這就是智慧型手機帶來最大的震撼。

播放內容的裝置不斷縮小及降價，同時，內容也從圖像變成影片，然後轉變為短影音，切分得愈來愈細小。這股潮流也與現在的社會變化有共通點。

當今的世界中，基本上各種事物都愈趨精細。過去擁有充足「人、物、財」經營資源的企業才能提供的服務，如今在分工逐漸精細化之下，新加入市場的人也能參與其中。

例如Uber Eats等外送服務，就是將「外送員」的工作以智慧型手機等裝置進行細分，形成「兼職人員（接收單次工作委託的雇員）」的形式。隨著個人與個人或個人與企業共享物品、技術以及服務的共享經濟擴大，此以趨勢將進一步加速。

可以說，產品和服務逐漸從大單位細分為小單位，並且開始個人化，也就是逐漸細分為更符合個人興趣及嗜好的樣貌。

這也適用於內容領域。現在每個人都擁有至少一個螢幕，大家可以隨時享受喜歡的內容，因此社群媒體上出現大量創作者，而類別區分更精細的短影音，需求也逐漸增加。

如果是一個人觀看，內容的速度可以配合個人調整。然而，如果是跟祖父母一同在餐桌邊用兩倍速觀看內容，長輩肯定會抱怨「太快了，我跟不上啊！」或「放慢一點吧！」可見電視節目的編輯速度最適合「茶餘飯後」的時間。

相較之下，為何YouTube影片的節奏那麼快？為什麼要使用「跳接」手法跳過某些內容，將不連貫的片段剪接在一起？這是因為觀眾年輕，資訊處理速度較快，所以製作方式也要相應地調整。

未來，當每個人都能使用智慧型手機自由調整內容的播放速度時，**「時間的主導權」**將完全從媒體轉移到個人身上。就算製作者努力優化內容以適應平台，觀眾應該依然會理所當然地使用兩倍速、三倍速或〇．五倍速觀看。在這種背景下，整體來說，內容的時間軸應該會朝向「加速」的方向前進。

個人關注度與資訊密度是內容的最新指標

37「個人化關注度」打造高黏著度社群

螢幕變小，大家都能在喜歡的時間看喜歡的內容，在這樣的世界中，高單位時間資訊量已成為內容的必要條件。

除此之外，社群將會愈來愈重要，也可以說，在社群中使用視覺內容吸引眾人關注自己，這件事愈趨重要。換句話說，除了單位時間資訊量，我認為「個人化關注度（Personal Attention）」這個新概念也將崛起。

個人化關注度這個詞彙經常出現在YouTube上的ASMR影片（Autonomous Sensory Meridian Response，指透過刺激人類聽覺和視覺的內容，使人感到平靜及愉快的影片。以下簡稱ASMR影片）標題中。個人化關注度這個詞，原文具有「只為你而存在」的意境。這類影片除了加強資訊密度，更具有明確的目標意識，因此能夠打造出高黏著度的社群。將來，這類以獲取個人化關注度為目標的影片將更加重要。

如今，單純發佈化妝影片是無法建立粉絲社群的。那些明確聚焦在「給單眼皮的人」「只用開價彩妝」等主題的創作者，才能在TikTok上大受歡迎。

你製作的內容具備何種個人化關注度？思考這點之前，必須先理解自己具有哪種個性特質，並且加以活用。

㊳創作者與社群的「共同點」才是勝負關鍵

靠技術製作影片的時代即將結束。因為長期看來，製作工作全部交給AI就可以了。

個人、企業或品牌要存活下去，只能培養自己獨有的個人化關注度，並將其持續轉化為內容。不必勉強自己也能持續創作，又可以不斷發展的主題，就存在於自己的個性之中。線索不在自己和其他人相比「多麼不同」，而是自己和周遭「有哪裡一樣」。雙眼皮的人根本不了解單眼皮的人化妝時的煩惱。正因如此，單眼皮的人才能在社群中成為爆紅的網紅，也才有可能成為本書開頭用作比喻的「柱」。

活用個人化關注度的範例，我將會在後面詳細介紹。

「傳播」與「傳達」，本質大不相同

39 內容簡略化、短小化、剪輯化是大趨勢

二〇二二年十一月二十日，以《左撇子艾倫》（二〇一六到二〇一七年）聞名的漫畫家Kappi（かっぴー）睽違七年在推特上投稿新作品《ＳＮＳ員警》（初期名稱為《臉書員警》）。Kappi原本是廣告公司的藝術指導，後來因為《臉書員警》在推特和臉書上爆紅而受到矚目，因此成為漫畫家。然而，他卻在新作品中狠狠批評社群媒體的推薦機制。

對於推特，作品中的角色「警部」憤怒地表示「時間軸上都是我沒有追蹤的人的推文」、「我們今後只能靠網路推薦的內容活下去嗎……!?」而另一個角色則是這麼說的：「但是大家沒有時間搜尋自己喜歡的內容啦……」「漫畫如果不把完整的一話故事放在推特上，就沒有人會看。」「就連免費的YouTube都有人只看短影音頻道……」「內容剪接成方便觀看的長度才會大賣……這是剪接的時代！」

漫畫《SNS員警》

出處：《SNS員警》（Kappi。二〇二二年十一月發表於推特。）

關注度可以將「傳播」提升至「傳達」

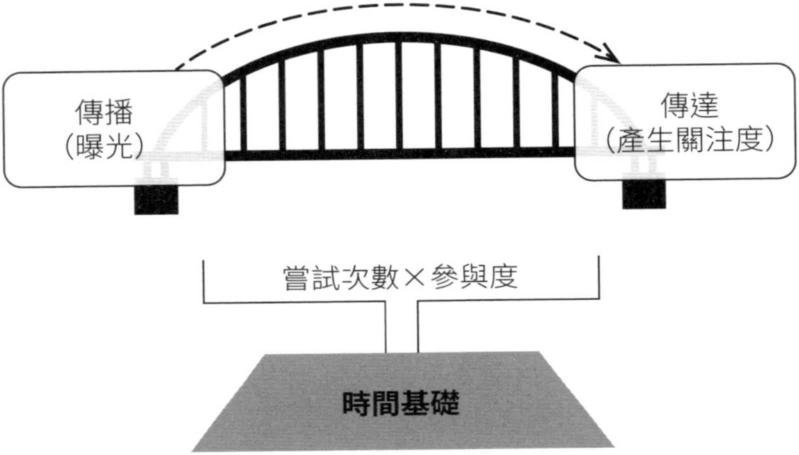

由於內容數量龐大造成選項過多，忙碌的現代人很難搜尋到「真正喜歡的內容」。就如同警部的感嘆：「傳播跟傳達是兩回事。」過去，大家比較重視「傳播」，彷彿傳播就是最終目標。然而，現在「傳播」只是競爭的第一回合，如果無法在這個階段勝利，就不能進入第二回合的「傳達」。

本書最大的重點之一——關注度，正是連接「傳播」與「傳達」的橋梁。

獲得一定程度的「傳播」，也就是曝光次數，並且讓人感覺「這個人還不錯」，就是曝光轉化為關注度的固定走向。

那麼，該怎麼做才能獲得大量關注？只需要用方程式簡單地思考。只有提高「嘗試次數和參與度」才能增加關注度。

也就是說，內容必須更簡略、短小以及

經過剪輯，並且盡可能增加嘗試次數，然後上傳到多個平台藉此獲得更多參與度。這些方法就是獲取關注度的基本原則。

短影音時代，創作者的生存戰略

據說一分鐘內全世界上傳到YouTube的影片長度總計超過五〇〇小時，一天內的總和甚至超過七十二萬小時，以每天二十四小時來計算，總長度超過八十年（雖然是二〇二〇年的數據）。也就是說，就算只看某一天內上傳的影片，也要花掉一輩子。可以想見每天有多少內容誕生。

那麼，讓我們以電視台製作的內容數量比較一下。以日本來說，只有NHK、日本電視台、朝日電視台、TBS、東京電視台和富士電視台這六家媒體公司製作的內容可以流通全國。假設他們每天製作二十小時的內容量，那麼六間公司加起來也只有一二〇小時而已。相較於YouTube的八十年＝約七十二萬小時，電視只有一二〇小時，差距實在令人驚訝。

如今我們身處廣大的內容宇宙，其中，如明星般閃耀的創作者，他們的共通點就是活用短影音的優勢獲得關注。

讓我們透過以下三個案例，看看創作者的獲取關注的生存戰略。

40 頻繁接觸觀眾，縮短距離感

在報紙、電視、廣播、雜誌這類傳統媒體的時代，要出現在眾人眼前，也就是得到「曝光」的機會，是非常困難的。因為，每個人一天裡接觸到的內容量，以及掌握決策權的人數（經紀公司或電視製作人等）也受到限制。

但是，如今的網紅和社群媒體創作者可以憑藉自己創造的關注度贏得「曝光」。而發佈片長較短的短影音負擔也比較低，所以有不少創作者每天都上傳作品。

心理學中有所謂的「單純曝光效應（Mere Exposure Effect）」，指一個人接觸相同人或物品的次數愈多，就愈容易對該對象心生好感。閃亮的藝人只會偶爾出現在傳統媒體上，是大家憧憬的對象。但是，每天更新的社群媒體創作者，可以令人單純因為喜歡而「想要支持」他們。因為人們容易「對每天見面的人產生好感」，這種簡單的心理與社群媒體的運作方式一拍即合。

而由此產生的結果是，相較於在傳統媒體上「曝光」的藝人，能夠在社群媒體上吸引關注的網紅和創作者更容易受人「喜愛」。

藝人與網紅的不同

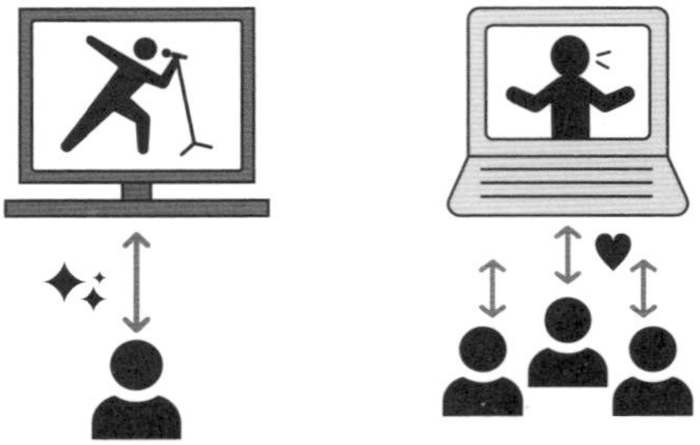

	藝人	網紅
曝光機會	不易獲得	容易獲得
出現頻率	低	高
接觸次數	少	多
距離感	遠	近
用戶心情	憧憬	想支持

❹❶ 跟上「又短又快」的趨勢

如同漫畫家Kappi所指出的，今後如果無法將內容切分成短小且容易享用的形式，就很難獲得新觀眾。

過去靠長內容奮鬥的YouTube創作者，已經被迫站在分岔路口。如果只發佈長影片，很難吸引新粉絲，而且自己的粉絲與觀眾也將趨於穩定跟高齡化。這個現象不只發生在以電視為主戰場的藝人身上，也發生在YouTube創立初期就開始活動的YouTuber身上。

一些創作者未曾嘗試創作短影音，依然持續發佈傳統的長影片，最終導致影片的更新頻率變慢。這樣一來，連長年的粉絲也可能逐漸離去。

另一方面，在TikTok上磨鍊短影音技能的創作者們接連加入YouTube Shorts。從二〇二〇年肺炎疫情以來，YouTube頻道追蹤數量有所增加的創作者，大多出身自TikTok。也就是說，YouTube也正在將平台上新的曝光機會轉移到短影音。今後，推特和Instagram應該也會更加注重短影音。如果不做短影音，將愈來愈難得到「曝光」的機會，不僅對於個人是如此，對企業也是一樣的。

YouTube應該已經針對長影片做出一定的取捨。在短影音流行以前，年輕世代原本就有用倍速觀看YouTube和Netflix影片的習慣。面對以倍速看世界的世代，過去的內容創作者會表示「不希望影片被快轉」，然而這是觀眾的自由，很遺憾的是，創作者無法限制觀眾的觀看方式。

這個時代的內容量以前所未見的氣勢增加，而適應時代的創作者，就如ＳＦ小說及動畫《機動戰士鋼彈》當中所描述的，是因應時代而生的新型態。現在我們可能對兩倍速感到驚訝，但α世代或許認為四倍速也是理所當然。在這個過渡期，過去的長片正轉變為短片，並且經歷剪輯加工，這或許是時代的必然。

㊷不怕露臉的人，粉絲黏著度更高

明確來說，創作者經濟圈是在YouTube和Instagram出現以後才形成的。在那之前的是Web2．0初期階段，雖然也有部落格等CGM（Consumer Generated Media，討論區或評價網站等內容媒體）服務，但是當時很少人是以部落客或創作者身分持續活動，其中的例外之一——伊藤春香（ha_chu），他的突出之處就在於不怕露臉。

大多數部落客都是靠文章一決勝負，但當時還是大學生的伊藤春香，就以接近目前Instagram或YouTube創作者的方式經營部落格。

也就是說，如果不承擔「露臉」的風險，就不容易建立粉絲社群。粉絲社群可以促進創作者經濟，是提升創作者收益及事業的原動力。然而，在不活用「自己的臉」這個視覺元素的狀況下，很難以創作者身分獲得關注度。

假設你是個不露臉的部落客，經營了一個UU（Unique User，一定期間內造訪特定網站的用戶人數）是十萬人，每個月頁面瀏覽次數（Page View，縮寫為PV）為一百萬次，每年為一二〇〇萬次的部落格。假設每千次曝光成本（Cost Per Mile impression，縮寫為CPM）平均為兩百到三百日圓左右，那麼一年所賺的金額大概是二四〇萬到三六〇萬日圓。

但是，如果選擇承擔露臉的風險，獲得十萬名高黏著度粉絲以後，年收入將近上億元也不是夢想。只要針對高黏著度的粉絲（社群）需要的東西，提供理想的服務或商品就能達成。

目前個人年收入達到十億日圓的大明星菅本裕子，就是相當好的例子。

前偶像菅本裕子引退後轉向經營社群媒體，發想出「好感創作者」這個概念，一路活動到現在。

最初他推出的主題是偶像化妝技巧，但是在YouTube中已經有許多以化妝聞名的創作者，小眾的偶像妝容實在無法抓住觀眾的目光。因此菅本裕子煩惱許久，決定將自己的創作主題抽象化。

菅本裕子心想，以偶像身分活動，就是「創造好感的行為」。偶像可說是「最懂得如何創造好感的人」，那麼他應該可以自稱是「好感創作者」吧？

世界上有非常多渴望受歡迎的人。而「受歡迎」這個概念，是指在人際關係的所有要素中都能引起他人「好感」。因此這個概念拓展了頻道內容的範圍，又能萃取出觀眾的興趣，是非常優秀的創作主題。

好感妝容、好感穿搭、好感習慣等等，能夠和「好感」結合的領域非常廣泛，因此自然聚集許多對「好感」的概念深有共鳴的人，他們不只是單純喜歡化妝，也不只是單純愛好時尚，而是共感於「想受歡迎」而成為粉絲。菅本裕子製作的內容能激發出渴望受歡迎的人的個人關注度，因此他正是引領狂熱社群粉絲的代表性人物。

這類引領社群的網紅也稱為ＫＯＬ（Key Opinion Leader，對於世界有影響力的人物。以下稱ＫＯＬ）。而菅本裕子就是受人喜愛社群中的ＫＯＬ，他的追蹤者則是對「受人喜愛」有著強烈欲望的群體。菅本裕子以受人喜愛×護膚商品、受人喜愛×隱形眼鏡、受人喜愛×睡衣等賣點推出的商品，成為社群需求必然的解決方案，才讓粉絲毫不猶豫地花錢購買。

菅本裕子的主流社群媒體追蹤人數超過二〇〇萬（二〇二三年二月），光是YouTube追蹤人數就接近一〇〇萬人，想來年收入應該已達到一〇〇〇萬日圓左右。

而他的個人品牌年營業額之所以能突破十億日圓，是因為在「受人喜愛」的主題上專注地累積個人關注度，打造出緊密的粉絲社群，然後推出符合主題概念的服務和商品。以《鬼滅之刃》來比喻，他已經成為「受人喜愛柱」，成功建立了創作者經濟的生態圈。

在創作者中成為「柱」的人，都對自己所在的領域懷有極高的熱情跟責任感，聚集的粉絲也非常積極，因此形成社群整體一起針對某個主題進行鑽研的關係。創作者如果不展現自己的面貌，成為某種意義上的教宗或偶像，是沒辦法催生這種向心力的。

短影音時代，商務人士的生存戰略

43 積極展現自己，成為話題指標

《完全教祖手冊》vii 中提到，人無論何時都尋求著具備視覺要素的崇拜對象，這個對象簡單來說就是偶像。

然而，企業和商務人士與他們的競爭對手創作者相比，具有「難以偶像化」的弱點。

伊隆・馬斯克等當今世界頂尖企業經營者之所以積極出現在檯面上，或許也是因為他們深刻理解將自己化為偶像後帶來的力量有多大。日本豐田汽車集團會長豐田章男會在公司的YouTube頻道中現身，另外，SONY及HONDA等曾經象徵「強大日本」的企業中別具魅力的經營者們，也都曾強烈突顯自己的存在感。如果不露面，也不打算成為某個領域的「柱」，這樣的公司及其經營者真的能吸引粉絲嗎？

我一再重複，能夠營造競爭優勢的經營資源新四大要素是「人、物、財、關注度」。而第四個要素──關注度，正是來自企業的視覺形象。

今後的企業都必須針對視覺形象進行企劃統籌，否則不可能戰勝全面活用視覺優勢的創作者。

而對於商務人士來說，「視覺」、「關注度」、「流通力」和「社群」這些關鍵字，是存活下去不可或缺的要件。

接下來，就讓我分別介紹三項商務人士必懂的社群運用守則。

44 善用「網紅員工」，打造狂熱關注

過去日本的新聞報導有一個特徵，就是與海外相比，不具名的報導較多。

歐美的主流報紙幾乎都是由具名報導組成，報導內容與撰寫報導的記者具有緊密連結。

對於網路媒體巨頭 HuffPost 和 BuzzFeed，這種連結是媒體力量成長初期的原動力，而記者向觀眾展現自己的容貌和個性也是普遍的現象。

近年日本主流報紙上的具名報導逐漸增加，然而，或許是因為業界重視記者不能將個人見解寫入報導，因此明確表達作者對於新聞的解釋，或強烈展現記者個性的具名報導，依然很少。

如今，日本終於出現「展現視覺形象的記者」受到關注的趨勢。

最具代表性的例子，就是二〇二一年三月從日本經濟新聞社離職成為創作者的後藤達也先生，他的主要社群媒體總追蹤人數超過八十二萬人（二〇二三年二月）。

以前我和日經新聞的員工開會時提到後藤先生，對方曾說：「日經的人應該都能夠辦到他所做的事情。」

然而，成為創作者重要的不只是「能將經濟新聞講解得簡單易懂」，關鍵在於能夠在網路上曝光自己的容貌，而且定期發佈內容。現在的後藤先生無疑是「將經濟說明地簡單易懂之柱」，我認為他幾乎已成為第二位池上彰。

創作內容要傳達給人們，必須經過先前提到的「採集↓加工↓流通」等階段。而後藤先生在日經新聞磨鍊出採集與加工技術，並親手贏得流通內容的管道。

過去的NewsPicks，也是使用相似方法快速成長的經濟媒體。NewsPicks就是透過在社群媒體上擁有許多追蹤者的「專業Picker」協助，提高了在社群媒體上的內容「流通力」。

獲勝並生存下來的創作者和媒體，相較於其他人，「流通力」正是差異化的關鍵因素。而在智慧型手機與社群媒體的全盛時代，流通的重點在於「關注度」。

未來，在運用社群媒體進行內容流通的方面，擁有強大社群的創作者將會與旗下擁有數千名員工的企業具有相當的力量。這樣一來，從經濟合理性來看，企業應該比較有希望雇用具備「流通力」的員工，也就是擁有關注度的創作者，並且在公司內也會優待這類人才。

而認為自己分內的工作僅僅是「採集跟加工」的「員工創作者」，有可能遭到裁員。反之，具備「流通力」的商務人士則前景一片光明。

由於新冠肺炎疫情，許多服飾企業祭出良好待遇招募擁有大量社群媒體追蹤者的「網紅員工」，可以說是這個趨勢的先驅。對企業而言，具備「流通力」的員工已成為第四種經營資源，也就是「關注度」本身。

㊺理解社群媒體的特性，掌握流量密碼

因此，不再身為「員工創作者」，而是自身具備「流通力」，以個人名義進行工作的創作者將更加強大，進而改變內容「受歡迎」和「失敗」的標準。

我在ONE MEDIA進行與創作者的合作企劃時，同時也以創作者兼網紅的身分參加其他公司的企劃。或許是因為有規劃和登台表現的雙重體驗，我感受到**「電通式的東西反而會失敗」**。

社群網路的構成超越生態系統，具有類似宇宙的性質。在社群網路的銀河系中，有活躍於其中的創作者星星，還有圍繞著星星的粉絲社群衛星，而自轉、公轉以及太陽風等物理現象作用於其中。

在這個宇宙，要做出不會失敗、受歡迎的企劃，就必須善加利用宇宙的物理法則，以及不同星星的光輝。因為這個宇宙中有非常多利害關係人，因此跟傳統媒體相比，法則更加複雜。和擁有執照並受到保護的電視產業不同，社群媒體傳播是雙向道路，觀眾可以針對內容給予立即的回應。不只企業和創作者可以發佈內容，其他用戶也可能模仿創作者的影片，製作並發佈所謂的「使用者供應內容」（User Generated Content，縮寫為UGC）。

明明身處如此複雜的宇宙中，「電通式內容」卻將「蘋果從樹上掉落」這種地球上的物理法則，作為最佳化標準。

過去能夠發表內容的人較少，大家彷彿處於在地面上等待蘋果掉落的狀態，也只能接受從樹上「咚」一聲掉下來的蘋果般單向的內容。

因此，所謂的電通式創作是極端追求「製作出超級讚的蘋果，然後創造出大家一起看著它落下的時機」。那顆蘋果是由許多專家製作出的日本第一蘋果，個人創作者很難複製它的品質。

然而，在社群網路的宇宙空間中，根本沒有人會注意那棵蘋果樹。要創造出讓所有人都盯著一棵超棒蘋果樹的狀況，本身就非常困難。那麼，該怎麼辦呢？此時應該要做的，是在黑暗中找到光芒閃耀的恆星。恆星不只散發光芒，還具有巨大的引力與自轉的力量，將周遭的一切吸引進來。這些能夠自己創造關注度的恆星，也就是創作者和網紅，正是企業應該要合作的對象。

但是，當企業想要溝通的內容，與恆星引起的流動不相符，企劃很快就會失敗。企業必須仔細識別合作對象，再實際行動，因為現代的內容傳播已不再是單純投入成本就能實現的事情。

用蘋果樹聚集目光的時代已經結束，人們早已搭乘名為智慧型手機的火箭，飛往宇宙。想要在閃爍著無數內容的宇宙中聚集關注度，必須找到有如超新星爆炸般，即將大幅成長的創作者，或是掌握日蝕時地球、月亮跟太陽排列成一直線的時機，無論哪一種情況，都需要進行複雜的操作。

為了實現這一點，你必須隨時漂浮在宇宙中，觀察構成宇宙的元素，並藉助其中閃耀光輝的人們的力量。所謂的「員工創作者」和電通型廣告經銷商，大多數尚未充分融入社群網路這個宇宙，只是待在地球上，頂多偶爾站上陽台看看月亮。

伊隆．馬斯克之所以收購X（前身為推特），正是因為他比任何人都更加沉迷於X的宇宙，才能夠與重度使用者進行深入交談，同時在大規模重組的情況下，訂立改善推特的方針。

要了解一個宇宙，就需要充分地沉浸其中。能夠做到這一點的，不是跟傳統媒體密切合作的電通型廣告經銷商，而是在社群媒體上每天不斷吸引關注度的創作者。

46 觀測社群媒體，找出顧客輪廓

由於創作者經濟誕生，今後的商業模式想必也會大幅改變。

以日本來說，過去中間商介入交易乃是理所當然。雖然現在企業直接與顧客接觸的商業模式已經愈來愈普遍，不過，目前的傳播業界中，廣告代理商等中間商的存在仍是不可或缺。

廣告代理商的「代理」正如其字面所示，企業為了打造出傳播和曝光的框架，必須透過廣告代理商代為管理公關活動。市場上會有許多廣告代理商和銷售商（在網路廣告交易中為廣告媒體網站與廣告主進行仲介的公司），也是因為這樣的結構。

然而，如今的創作者擁有個人的流通管道，能夠直接和顧客進行交易，所以根本沒有「中間商」介入的餘地。問題在於該如何看待這一點。如果想和創作者合作，那麼過去由「中間商」負責的事情，現在就必須自己完成。

首先需要透過仔細觀測社群媒體的運作邏輯，來判斷應該將工作委託給什麼人選，並且承擔相應的責任。相反地，若是企業或個人想要以創作者的身分，充分將自己的才能轉化為獲利，就必須明確了解自己能夠觸及的社群，分析和探索那些需要你能力的客戶在哪裡？他們屬於哪一類人？這就是傳統代理商所負責的「中間商」工作。

正因如此，如果不盡全力妥善分析顧客，很難最大化成果。只憑藉金錢或決策權，將難以完成傳播工作。用心思考，才能更加貼近顧客端的需求。

最大化參與度的方程式

前面介紹過獲取關注度的公式：

【嘗試次數】×【參與度】＝【關注度】

在第三章的結語，我就向大家分享最大化參與度的方程式。這個公式也可以應用在商務人士的生存及成長戰略中。

❹❼ 提高參與度的三個要素

【內容面向】×【社群媒體特性】×【個人跟企業的故事策劃力】

＝【參與度的槓桿】

參與度的方程式

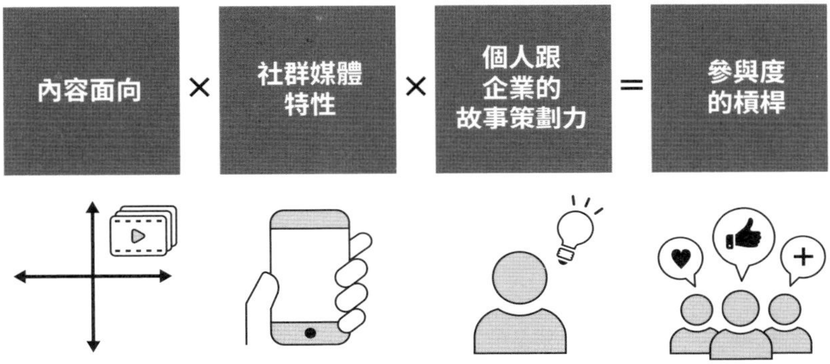

如同菅本裕子的例子，內容的主題將影響獲得的關注度的面向。而能否最大限度地拓展這個面向，取決於不同社群媒體的特性。舉例來說，想要簡短地講解簡單的知識理論，那麼選擇YouTube肯定是個錯誤。以平台上長、短影音的比例來看，YouTube目前還是比較適合長影音。同樣的道理，如果是難以言語化的美麗圖像內容，那麼Instagram顯然比X合適。

決定自己要在哪個領域引起關注（即「個人關注度」的方向），以及了解各種社群媒體的特性及運作機制，並且持續採集話題，這三點相乘就能得到強大的參與度。

你該戰鬥的地方，是確立內容面向、洞悉社群媒體特性，及提升個人跟企業的話題採集力，如果缺少任何一項，你將無法繼續戰鬥下去。如果無法持續戰鬥，就很難獲得關注。沒有大量的嘗試次數與不斷累積參與度，是無法產生關注度的。就像三浦純先生所說：「有句話是KEEP ON ROCK'N ROLL。比起『ROCK'N ROLL』，『KEEP ON』可是難多了。」最困難的事情就是持續。任何人都能搖滾，但要堅持下去卻很難，因此，請找到自己可以持續創作的內容主題，了解社群媒體跟個人能力，在這三者可以互相結合的領域戰鬥。

Chapter 4

用短影音說出好故事——企業與創作者的創作&行銷戰略解析

「手機和電視，哪一個你使用得比較久？」如果有人這麼問，你會怎麼回答？我提供一項數據給大家：目前，只有超過五十歲以上的人，使用電視時間比手機更久。

在擁有「史上最瘋狂的足球漫畫」之稱的《藍色監獄》viii當中有這一段話：

「一流的前鋒這種生物，會在某一個瞬間，驟然出現在足球場上最炙熱的地方。」

如今，世界上傳播活動最熱烈的場所是哪裡呢？答案當然是社群媒體。對於年輕世代來說，初階的媒體已經置換為智慧型手機，而手機螢幕上的內容，是社群媒體創作者打造出來的。時代的狂熱中心，就在社群媒體。創作者就像足球選手一樣，各自擁有獨特的風格。有如「最炙熱的地方」誕生的一流前鋒，以及前面曾經提到過的「鬼滅之刃的柱理論」。

接下來我就以「新時代行銷戰略」為主題，分析頂尖創作者的三大能力、短影音行銷的十個關鍵字，還有七個創作戰略，總共二十項精華重點。馬上進入正題吧！

頂尖創作者的能力，可以歸納為狂熱力、嘗試力及持續力。

頂尖創作者具備的三項力量

狂熱力	嘗試力	持續力
與社群對話，同時製作內容	快速重複PDCA循環、上傳內容	透過持續挑戰及回顧，提升優勢

㊽能力1‧狂熱力：與社群持續對話，催生狂熱追隨

頂尖創作者不會煩惱該對哪些對象發佈內容。他們會發掘能夠全心投入的領域，認真面對所選的主題，累積理論知識，然後進行分享。

因此，頂尖創作者的粉絲，並非單純的追蹤者，而是熱愛相同主題的社群，而頂尖創作者會經常和自己的社群對話，並且逐步打造出內容。

正因如此，頂尖創作者又稱為關鍵意見領袖。他們除了是自己領域的狂熱表現者，也是

引領追蹤者們一同狂熱的先驅者。

49 能力2・嘗試力：立刻嘗試，比完美更重要的是「完成」

馬上開始嘗試。與其多方思考，不如先試試看。不要介意大眾的意見或常識，自己想做的事情，先試了再說。盡可能最大化嘗試次數，就能把學習到的東西，活用在下一次發佈的內容中，隨時進化內容。如此一來，就算面對快速變化的平台環境，你也能夠馬上適應，並且持續維持自己的影響力。

這可說是體現了當初馬克・祖克柏設立Facebook時，於公司內提出的"Done is better than perfect."（比完美更重要的是完成）過往的創作者要花費數個月到數年，耗盡心力製作作品，現在的文化則是相反，快速重複PDCA循環，才是創作者重視的。

50 能力3・持續力：「持續」就是創作者的競爭力

一心一意，持續做下去，絕不停歇。不是因為受人強迫，也不是因為可以賺錢，只是為了自己渴望分享而持續活動。製作內容並發表後，從別人那裡得到回饋而感到開心，就是創作者的報酬。

將創作活動視為人生中的愉悅，才能夠長久持續下去，相較於那些只為營利而加入的參賽者（主要是企業），抱有這種心態的創作者才能得勝。另外，只要堅持創作，內容的庫存量也會不斷累積，強化創作者的優勢。

所謂頂尖創作者，因為擁有智慧型手機和社群媒體，在內容的「採集↓加工↓流通」方面幾乎是零成本，因此更能夠埋頭挑戰其中。若是在從前，即便創作者充滿狂熱，也很難表現出來。要把內容傳達出去所費不貲，就算堅持創作，也很難知道粉絲的反應。而智慧型手機與社群媒體，大幅改變了這些狀況。最終，創作者得以在傳播領域與企業彼此競爭。

如今，想要實踐有效的傳播模式，就必須擁有不輸給這些創作者的「狂熱」。

本章的內容是萃取頂尖創作者的知識理論跟技巧精華，整理成任何人都能挑戰的步驟。雖然這麼寫好像有些過火，不過基本上，只要模仿這些做法，不管是你、企業或是隨便哪個路人，都極有可能成為創作者。

AI時代下，創作者要如何存活？

51 最大限度發揮「自己的獨特存在」

Web3．0與AI等科技加速發展，創作者所處的環境也出現很大的轉變趨勢。

首先是Web3．0，它經常被視為複雜的概念，不過如果把它想成是創作者獲得「直接收款」的管道，就比較簡單易懂了。這代表賦予自己的數位內容金錢價值，並且不需要依賴中央集權性質的平台，而是透過直接接觸客戶，將內容轉化為金錢價值，這就是Web3的基礎構想。

另一個趨勢是AI的進步，例如以「Midjourney」為首的AI圖像生成服務。如今不管是圖像、照片甚至是影片，AI都能夠輕鬆生成，因此也形成插圖家跟AI、攝影師跟AI還有影像導演跟AI對立的結構。

在創作某種獨特作品的方面，人類還是勝過AI。然而，決定了獨特的概念以後，要將概念催化成各種版本的作品，這方面人類終究不敵AI。

在這兩個趨勢下，未來的創作者應該如何生存下去呢？

首先的基本前提是，我們是人類，而人類是獨特的存在。為了生存，我們必須充分發揮自己的獨特性，只有這麼做才能勝過AI。

在無法看見執筆者面貌的部落格時代，「農場文」四處橫行。但是，未來將不再重視沒有署名的報導文章，或是容易進行機械複製的內容，那些無須展現「自我」就可以量產的內容，在商業上將失去價值。

對創作者而言，最重要的是在創作時認真思考「這是否只有我才能做到？」以及「自己做這件事情有意義嗎？」，而針對這些問題，最簡單易懂的解決方法，就是「露臉」。可以清楚表明自己是創作者，正是人類相對於AI最大的區別。Web3的「直接收款」模式，也可看作是粉絲「想要從這個人手上購買商品」、「想要為這個人做一些事」，正是基於這一點。

當然，如果能夠透過創作本身展現獨特性的話，那倒不是非露臉不可。然而，大部分的人並不是天才，所以想做到這件事可能相當困難。

學習「感性思考」，掌握社群趨勢

52「社群聆聽」發掘萌芽的話題趨勢

時代尖端的趨勢，早在大型媒體掌握以前，社群媒體上就已經有人討論。創作者和商務人士想要準確掌握趨勢，就必須在社群媒體上確立自己的定點觀測站，然後全心地「浸泡」在其中。這個行為，比較帥氣的說法就稱為「社群聆聽」（social listening）。

社群聆聽指的是「聽取」社群媒體上發生的事情。使用「聆聽」而不是「瀏覽」，或許是為了強調豎起耳朵傾聽的意象。對於ONE MEDIA這樣的行銷公司來說，社群聆聽非常重要，自然也是員工待辦事項與工作流程的一部分。

社群聆聽最大的重點在於「觀察」，而ONE MEDIA則是以「發現取代發明」來表現這一點。在第三章中，我提到「電通型的東西才會失敗」，不過，在過去那個人人盯著蘋果樹的時代，「發明」好的內容確實不可或缺。

然而，在社群媒體上，「發現」遠比「發明」更加重要。這個新宇宙裡，正在流行什麼？當大家紛紛使用某一個詞彙、主題標籤，或是某個歌曲或歌手莫名地再次爆紅，而你透過社群聆聽察覺不尋常的氣息時，不能單純地滑過螢幕，必須「發現」話題並且加以利用才行。

二〇二一年四月，ONE MEDIA為Uniqlo的官方YouTube頻道製作了「LifeWear Music」系列的背景音樂影片。（Background Video，縮寫為BGV。融合音樂及影像製作成影片作品，可以作為室內裝飾，類似「影像版背景音樂」的概念。）而這個企劃的基礎，其實是因為新冠肺炎疫情，導致YouTube影片的觀看趨勢產生變化。

那時，人們待在家中的時間增加，因此很多人使用電視觀看YouTube，一邊放影片一邊遠端工作。其中最受歡迎的頻道，是持續「霹靂啪啦」地燃燒的營火畫面，以及不停歇的Lo-fi hip hop音樂。因為我們「發現」，大家需要可以「一邊看一邊做事」的影片，所以決定將Uniqlo的「LifeWear」概念在YouTube上推廣，製作背景音樂影片形式的內容。

結果如我們所料，影片吸引眾多觀眾，在推特上也有很多不錯的評價，許多人將這些內容作為工作時的背景音樂，分享到推特上。由於觀眾長時間觀看以及熱烈的回應，影片在一段時間後累積大量參與，頻繁出現在YouTube的「推薦影片」當中。從結果看來，就算完全不購買付費廣告，也能夠主動吸引許多關注。

當我們承接企業案件，宣傳商品或服務時，都會詳細調查相關的主題標籤，以及有哪些相關貼文，也就是去研究該品牌或商品及服務的領域，有哪些事物已經被當成內容來討論。如果「發現」符合的主題標籤之中最核心的概念，就直接融入影片當中。這樣一來，便能夠善加利用主題標籤的運作機制。我們並沒有「發明」任何東西，只是「發現」了吸引人群聚集的主題標籤，而這一點正是打造熱門內容的基本。

希望你在未來思考企劃的時候，務必抱持著「以發現取代發明」的心態，每天執行社群聆聽。

短影音的成敗，差異在「傳播力」

「短影音」的特徵正如其名，就是用很短的時間表現影音內容。形容得極端一點，則是在「剪輯」過的時間軸上傳達內容。就像方便隨時享用的美味食物，短影音適合用來表達立即的愉悅以及驚奇，這種震撼感，跟較長的觀看時間所提供的感動，性質並不相同。集中精神品嘗長篇小說或者兩個小時的電影之後，那種來自內心深處的撼動，短影音就很難做到。

我希望大家重新思考短影音的優勢及劣勢。

目前在「傳播」層面上，短影音可以說是性價比最高的工具。然而，以「傳達」層面來說，短影音的「傳達深度」自然比不上長影片。因此，創作者必須學會區分不同內容長度的運用方式。

容我再次重複，若是無法在第一回合的「傳播」競爭中獲勝，根本無法前進到第二回合的「傳達」戰。創作者和企業都必須看清目標，並且持續跟社群互動。

❺❸「推薦機制」決定觀看人數

那麼，短影音的好壞，差別究竟是什麼？

基本上，短影音的世界，是根據AI**「推薦引擎」**運作，以推薦符合用戶喜好的內容。也就是說，你看到的內容都有一個前提：它是「好的短影音」，而「不好的短影音」根本不會出現在你的時間軸上。不被AI推薦就沒人看見，也不會被「發現」，因此相反地，「受到系統推薦的就是好影片」。

那麼，推薦機制又是以什麼條件來判斷一支影片的好壞？

推薦機制的參數有時候會稍微調整，不過有兩項較少變動的指標：用戶在裝置畫面上觀看了幾秒（觀看時長及觀眾續看率）？以及觀看影片的人之中多少人按讚、分享或留言（參與率）？原則上，這兩項指標數值越高，越容易被系統推薦為「好的短影音」。

❺❹「參與度高」才是成功的短影音

TikTok影片的播放次數很容易增加，因此經常被視為影片的ＫＰＩ（關鍵績效指標，Key Performance Indicator，以下稱ＫＰＩ）。

然而，在TikTok等主流社群媒體上，擁有超過二六〇萬總追蹤者人數（二〇二三年二月時）的頂尖創作者修一朗先生，則表示：「我只將觀看時長當作影片的ＫＰＩ。」也就是說，他只看有多少用戶願意違反TikTok的運作定律，停下不斷上滑的手指。「這可是相當強烈的情緒反應呢！」他在我主持的廣播節目上擔任來賓時這麼說，讓我印象深刻。

修一朗先生重視的ＫＰＩ，是用戶「是否觀看超過三十秒」。觀看時長超過30秒的影片，就很容易獲得按讚和留言。因此他專注於觀看時間，持續累積參與度，成為日本首屆一指的TikTok創作者。

這個故事隱藏著一個重要的啟示：在社群媒體上，成功的影片和失敗影片的判斷標準，不再像過去一樣固定。

畢竟，如今我們可以從多元的內容中自由選擇，而你喜歡的東西或許是別人討厭的，反之亦然。也就是說，用固定指標判斷內容好壞，變得愈來愈困難。

正因如此，短影音的優劣不該用定量指標決定，而應該使用定性指標。透過獲取觀眾參與度，**「被系統推薦而出現在陌生人的時間軸上」**，才是成功的短影音。

如何創造關注度？

55 四大象限，確立創作者定位

那麼具體來說，創作者們要如何透過成功的短影音，逐步得到關注？制定戰略時，以下的指引圖想必能幫上忙。

這張圖的Y軸是創作者的個人定位（「娛樂性」或「資訊性」），X軸則是企劃的定位（「討論特定主題」或「展現個人魅力」），總共以四個象限，將創作者區分類為娛樂型、迷因（meme）[1]型、專家型和角色楷模型。

1 由希臘文「mimeme」（模仿）和英文的「memory」（記憶）組合而成的詞，由理查・道金斯在著作《自私的基因》（繁體中文版由天下文化出版）當中提出。迷因在網路上指的則是有趣的影片或貼文，透過社群媒體擴散，成為一種慣用的內容。年輕人聚集的TikTok上就生產出大量的迷因。

影片創作者指引圖：成功網紅的四大分類

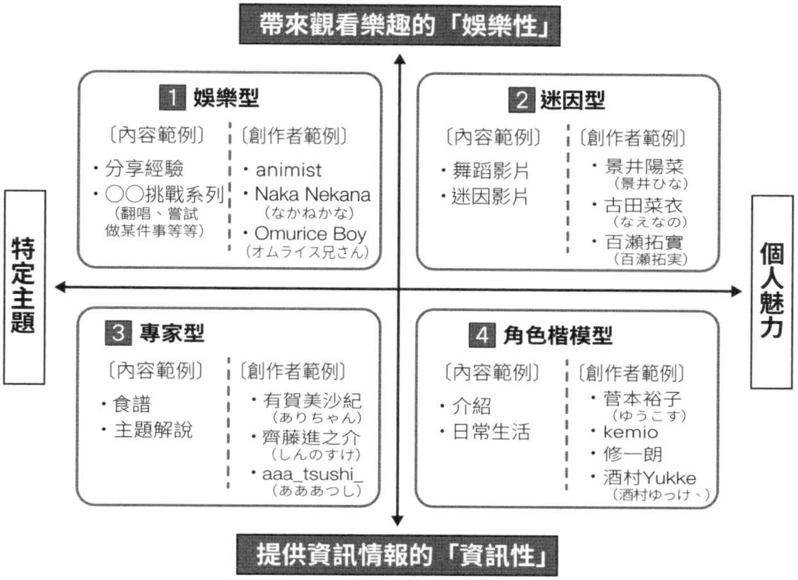

1 娛樂型

- 主題+專長
- 吸引重視影片品質及有趣程度的人追蹤

2 迷因型

- 創作者本身就是內容
- 無論影片品質，只要受歡迎就能吸引追蹤者

3 專家型

- 主題+格式
- 具備專業性及說服力就能獲得粉絲

4 角色楷模型

- 體現社群粉絲憧憬的理想形象
- 在特定主題的社群中成為神格化的存在

引用：SB creative株式會社根據ONE MEDIA株式會社「創作者指引圖」製作

左上方娛樂型的創作者結合「主題及專長」，性質類似搞笑藝人。右上方的迷因型，特徵是創作者本身就是內容，與電視上傳統的藝人非常相近。另一方面，下半部的專家型（結合主題與格式），以及由專家型進化而成的角色楷模型（體現社群的理想形象），需要的特質是「資訊性」，比較容易模仿與重現，偏向任何人都能處理的創作範圍，也是以成為創作者為目標的人，比較容易成功的領域。

人們在搜尋內容時，一定會以感興趣的主題作為起點。用戶會因為想要看更多特定主題的影片，而追蹤定期更新的創作者，進而成為粉絲。如此不斷累積觀眾的關注度，並且將觀眾關注的對象引導到創作者本身，就能從專家型進入角色楷模型的領域。現在位於專業型範圍的眾多創作者，目標大概都是成為角色楷模。

舉例來說，以「每月有一半支出花在化妝品上的女人」聞名的有賀美沙紀（ありちゃん），以前的分享主題就是介紹手邊的化妝品資訊，屬於專業型創作者。然而，如今他不僅出現在TikTok上，也活躍於YouTube和Instagram，轉換方向並積極曝光自己的面貌。我認為轉型的重點就在於將吸引關注度的主體從主題本身集中到自身。

此外也有像Kemio一樣，從迷因型切換到角色楷模型的範例。這是由於kemio開始談論自己的性向，並且將活動據點轉移到美國的期間，發表的主題也從娛樂轉換為資訊類（從「帶來樂趣」轉換為「提供資訊」），因此形成粉絲社群。

不過，從娛樂型直接轉換為角色楷模型的人相當稀少。在座標上相鄰的象限領域，比較容易學習與模仿，這或許跟漫畫《獵人》ix 中「念能力」的概念類似。

56 專注在擅長的創作領域

看完這四個象限應該就能夠明白，創作者的風格各有不同。《創作者的未來》報告中提到創作者經濟急遽成長，並針對現代的「創作者」做出以下定義：

「從事創作性活動（照片攝影、文字創作、原創社群媒體內容製作等），每個月一次以上，將這些活動產生的作品，透過社群媒體發佈與宣傳，以提高自身的知名度。」

Adobe重新定義創作者，確實是一樁美事。有了這個定義，應該也能明白，「當TikToker只要會跳舞就好」其實是有些可笑的誤解。

如果想要成為創作者，請務必參考這四個象限，確立自己的定位，也希望你能以「製造關注度的內容創造者」作為目標。

如果你認為自己夠有趣，或對自己在各方面都能吸引注意力的個性有自信，那麼就在著重橫軸「個人魅力」和縱軸「娛樂性」的領域一決勝負。

如果覺得自己「不怎麼有趣，也沒有受人矚目的外貌」，那麼就專注在「特定主題」和「資訊性」也沒問題。在特定話題上具備專業性及說服力的專業型，對於大多數人來說應該是比較好經營的領域。

雖然我一再重複，不過請大家再次複習這個公式：

【嘗試次數】×【參與度】＝【關注度】

對於自己不擅長的創作領域，想要增加嘗試次數非常困難。因此，從確立創作領域的時刻起，戰爭就已經開始了。

企業成爲創作者的三階段

我認為，今後所有的企業和商務人士，應該會逐步化身為創作者。

然而就像我先前提到的，在社群網路的宇宙中，你和大多數企業都只是尚未綻放光芒的小星星。就像地球受惠於太陽的照耀，藉助已在那個領域中發光的創作者力量，就戰略上來說並不是一件壞事。

若問我為什麼這麼說？自然是因為，最熟知要如何以創作者身分發光的，就是在錯誤中不斷嘗試，並成功獲得關注度的創作者。如果企業跟商務人士可以和頂尖創作者共同合作，就能夠順利通過以下三個階段逐步進化。

57 與創作者平等合作

在第一階段，企業發佈內容時必須借助創作者的力量，由創作者幫忙發表訊息。這時，最重要的是不能擺出「我只是委託你工作」的姿態，而是採取與創作者合作的態度。如果認為這只是「委託別人工作」，就會變成委託人對受託人的關係，很容易用「高人一等」的態度對待對方。抱持著「一起合作」的平等態度，學習到的東西應該也會增加幾倍。

如果只是因為創作者很受歡迎，就委託他介紹公司商品，但是對方特色卻和企業風格八竿子打不著，那也只是單純的委託，而非平等合作。

特別是這種時候，必須用「發現取代發明」的心態，理解創作者的特色，提出能讓創作者心服口服，認為「把這個產品介紹給大家，追蹤者應該也會很高興」的提案。這樣對雙方來說，都是良好的合作機會。

58 請創作者以「創意總監」身分提供協助

在第二階段，企業應該直接請創作者協助製作內容，避免委託廣告經銷商或廣告製作公司。因此，傳統廣告經銷商所扮演的「創意總監」這個角色，就改由創作者來擔綱。ONE MEDIA目前也有不少這一類工作，比方說，我們會跟只用手機就能拍攝出專業畫面的TikToker一起操控鏡頭，將汽車的宣傳影音拍得極具戲劇性，再由豐田汽車的TikTok帳號發佈影片。

豐田汽車跟深入了解TikTok影片風格的創作者合力製作內容，在TikTok上受到歡迎，從此，它不再只是企業帳號，而是和其他TikTok創作者帳號一樣，擁有集中關注度的能力。

59 鼓勵員工成為創作者

長期進行第二階段，員工自然而然也能學會做法，進而成為創作者，這就是第三階段。

然而，通常在創作圈「兩手空空」的企業帳號剛起家時，大多是所有員工一起在推特或者就業媒合社群平台Wantedly發佈內容，缺乏新鮮感。直到現在，日本對員工個人經營社群媒體的措施都相當負面，有些企業甚至明文禁止。這類企業跟早已到達第三階段的公司相比，在訊息傳播方面應該已經出現很大的差距。

企業成為創作者的三個階段整理如下：

❶由創作者擔任主述者，發佈企業想要傳達的訊息

❷企業在創作者的協助下，逐漸成為主述者發佈內容

❸企業員工自己成為創作者

這個時代的商務人士，應該要以第三階段為目標。接著在下一個小節，將會逐項說明未來短影音行銷不可或缺的十個關鍵字。

新時代短影音行銷的「十個關鍵字」

60【關鍵字1．關注度】聚集關注度，最大化社群熱度

第一個關鍵字是「關注度」。首先以經營日本最大二手服裝平台「古著女子」的公司yutori作為範例，來看看有哪些具體方案可以吸引關注度。

二〇二〇年七月，日本電商集團ZOZO與yutori進行資本與業務合作，受到電商和D2C業界的矚目。Yutori正是小型企業透過獲得關注度而快速成長的範例。

那麼yutori在哪方面做出革新？過往的服裝品牌大多是先打造出品牌形象，接著進行行銷及宣傳，依照順序推行業務。然而yutori的情況完全相反。品牌創始人片石貴展一開始先在Instagram上成立「古著女子」社群，之後針對該社群打造出品牌，然後開始銷售商品，以這個順序大獲成功。

今後短影音行銷不可不知的十個關鍵字

1 關注度	6 影片、直播、限時動態功能
2 假想敵	7 推薦機制
3 發言人	8 參與率
4 內容設計	9 回覆留言
5 時間設計	10 TikTok爆款

yutori的發展流程並非過去的①調查，②開發商品，③宣傳，④形成社群，而是①調查，②形成社群，③開發商品，④宣傳。

這個行銷流程，就和社群媒體創作者自己開發商品或服務的情況完全相同，優點是建立品牌非常快速。而yu-tori正是將此手法實踐在建立服裝品牌上。片石貴展在Instagram上面「發現」許多女性分享古著（二手衣）穿搭的照片，而他也相當喜歡古著，並且經常在下北澤看到熱愛古著的女性。因此他希望打造一個聚集女性古著愛好者的社群，所以在Instagram上建立「古著女子」帳號和主題標籤「#古女」。

yutori的嶄新商業模式

片石先生為了讓帳號內容看起來更熱鬧，因此分別發訊息給在Instagram上分享自己穿搭的女性，獲得同意後，將他們的照片轉貼到自己的帳號上。漸漸地，「古著女子」在喜歡古著的用戶之間引起討論，追蹤者也愈來愈多。接著情況開始逆轉，變成古著愛好者反過來「希望被分享到古女的頁面」。用戶會刻意標註古著女子的帳號並表示「請分享我的照片」，主動提供內容。

「古著女子」所發佈的女性照片，在拍攝或加工時刻意不顯露照片主人的臉，以匿名手法打造出單純對時尚感興趣的高純度社群。追蹤者達到數十萬人以後，古著女子便在充分準備下開始開發及販售符合社群需求的服裝，一口氣完成服裝品牌的建立。這個做法獲得很高的評價，也因此得以進入ZOZO集團旗下。

傳統的服裝品牌，大多是經過事前調查，發現「這裡似乎有需求」，並且從開發商品作為開始。然而yutori卻是先聚集對某一類型商品感興趣的人，提升該社群的熱度，等到社群堅定地相信自己「想要這種商品」，才開始進行開發。換句話說，社群媒體清楚呈現出用戶關注度最集中、討論最熱烈的地方，品牌自然就有可能瞄準需求提供商品和服務了。

61 刻意將喜歡的東西容納在一個畫面中

近來有個叫做「絞肉與米」（挽肉と米）的餐飲品牌聲勢很高，它是由「山本漢堡排（前稱「我的漢堡排山本」）」創始人山本昇平經營的新品牌。「絞肉與米」的菜單正如其名，只有絞肉（漢堡排）和剛煮好的飯。像這樣把菜單專門化，甚至是縮減到只有一個品項的餐廳，以前都被認為無法流行起來。

至今為止的餐飲潮流中，所謂餐廳，理所當然該有目不暇給的菜單供人挑選，並且在「食記部落格」收集大家的評價。但是「絞肉與米」只在盛裝了白飯的碗上擺上漢堡排，利用如此直接了當的視覺效果引發爆紅，刻意造成排隊人潮，成為大受歡迎的餐廳。

在靜岡出身的我看來，「絞肉與米」風潮之前，應該是「炭燒餐廳爽朗」的風潮。「爽朗」是日本東海地區起家的漢堡排家庭餐廳，現在就算排隊兩三個小時也是理所當然。但在我還是國中生時，它不過是一家國道旁的普通店家，從來不曾看過排隊人潮。「爽朗」爆紅後我也久違地去了一次，口味與以前並無任何不同。而這家店之所以流行起來，很顯然是受到社群媒體的影響。

「爽朗」的特徵是餐廳內提供小型表演，店員會在球狀的漢堡肉上桌後，幫你切開來，完成料理的最後一個步驟。這段畫面放在Instagram或TikTok上看起來就很吸引人，因此形成看到分享的人也前去造訪店家的景況。

這些例子，都是所謂「適合打卡上傳Instagram或TikTok」的範例，也告訴我們，如果能做出容易模仿的「好看的視覺內容」，那麼就算是新品牌，也能夠一口氣聚集大量關注。

在飯碗裡面同時放入白米、漢堡排、雞蛋（蛋黃）這三樣「大家都喜歡的東西」，就是「絞肉與米」主打的視覺圖像。這個圖像不管放在手機的正方形畫面，或限時動態的直式影片中，都相當合適。相較之下，一般的漢堡排套餐大多是另外搭配米飯和沙拉，要拍出在社群媒體上好看的畫面實在很難。而「絞肉與米」刻意把商品設計成簡單畫面中容納所有商品，這應該就是大賣的祕訣。

62 以「這樣拍很上相」的教學內容吸引用戶追蹤

另外，線上起司蛋糕專賣店「Mr. CHEESECAKE」大受歡迎，也是因為相同的道理。「Mr. CHEESECAKE」一開始是由新銳法國廚師田村浩二的粉絲口耳相傳而紅，但很少有人在社群上分享商品照片。畢竟它的外觀就是簡單的長方形，怎麼拍都很容易覺得「不好看」。因此，經營者開始在Instagram上分享「這樣拍就很好看」的範例照片，將起司蛋糕放在盤子上俯瞰，以及用湯匙或叉子切下一口份量的照片，引起大家紛紛模仿，品牌馬上變得相當有名。

從「絞肉與米」以及「Mr. CHEESECAKE」的案例，可以看出創作的規則逐漸有所轉變。過去讓人心動的視覺畫面中，最具代表性的就是「牛奶皇冠（牛奶表面形成皇冠型的波浪）」或者「啤酒泡」，這些都是專家才能打造出來的畫面，對於品牌建立有相當大的貢獻。

然而，如今「大家都能模仿的東西」逐漸成為創作的目標。任何人都可以用智慧型手機拍出相同效果，而且讓大家都想要上傳分享的內容，才是品牌引發熱烈關注的祕訣。

據說菅本裕子在製作隱形眼鏡品牌「Chu's me」時，要求製造隱形眼鏡的公司必須開發正方形的包裝。菅本裕子將這一點視作「絕不能妥協的條件」，是因為傳統的長方形包裝，很難容納在智慧型手機的相機畫面當中。為了吸引用戶在Instagram分享照片，以及表現出菅本裕子「受人喜愛×隱形眼鏡」的獨特世界觀，產品絕對必須是正方形才行。

可以說，不管是商品包裝、設計或是實體店面體驗，成功的創作都會以「如何在社群媒體上得到關注」作為最終目標，來調整為產品及服務的最佳狀態。

另外在這個時代，「是否容易模仿」也逐漸成為製作內容時的必須要考量。只要能夠考量到這些要素，就算是沒沒無聞的品牌或嶄新的商品，也都有充分獲得關注的機會。

❻❸【關鍵字2・假想敵】正確設定對手，瓜分有限資源

產生關注度的基本規則，就是新穎且引人注目。反過來說，已經有其他產品占據了所謂

「經典款」或「基本款」的定位，想要吸引關注，就必須成為對立或反其道而行的存在。

如果想要在社群媒體上展開新活動，那麼請先思考一下，自己的「假想敵」是誰？我對員工說明這一點時，通常都會用「資源從哪裡來」的概念解釋：無論你想要推動的計畫是什麼，用戶花費在內容上的時間和金錢都不會憑空而生，所以必須將他們花在其他地方的資源搶過來才行。因此，最重要的是深入地思考活動計畫，然後依此設計內容。

音樂型YouTuber團體Repezen Foxx的成員ＤＪ社長，曾經說過「comdot的粉絲本來都是我們的粉絲」。事實上，同為知名YouTuber團體的comdot，的確是在Repezen Foxx停止活動期間開始大幅成長，並漂亮地承襲了Repezen Foxx的在地感，及同鄉伙伴一起玩樂團的特色。但是，他們並不像Repezen Foxx，上傳違反YouTube社群守則規範的影片，導致頻道被關閉。comdot延續了Repezen Foxx的成功商業模式，將他們視為假想敵，做出差異化的內容，所以才能夠搶走Repezen Foxx的關注度。

我在經手社群影片業務時所思考的也是如此。會奪走用戶金錢或時間等有限資源的傳播內容，就是我的「假想敵」。

以前廣告具有壓倒性的影響力，相較之下，社群影片幾乎沒有獲勝的要素，因此製作影片時，自然無法將廣告視為「假想敵」。

不過，企業利用特設網站或者發手冊進行的宣傳活動，又是如何呢？宣傳手冊等傳統媒體所具備的「說明」功能，影片就能取代，而且影片還能發揮優勢，利用視覺力量，深入傳達訊息。從「流通」的觀點來看，相較於必須人工發放的宣傳手冊，或是需要用戶點擊網頁連結才能顯示訊息的傳統媒體，以社群媒體流通為起點的影片更具優勢。因此，我將特設網站和手冊等文字內容作為「假想敵」，以「如今已是視覺的時代，影片比文字更容易傳達訊息」這種說法，逐漸獲得了顧客。

簡而言之，就是正確設定對手以及要奪取的目標市場，承襲其中的核心要素，然後以革新的成果出擊。重點在於「承襲」與「革新」的平衡，並且在內容中明確展現這一點。

64【關鍵字3・發言人】成為「意見領袖」引領話題

在第四章的開頭，我提出頂尖創作者擁有「狂熱力、嘗試力、持續力」這三項能力。

而從眾多創作者中脫穎而出的有效戰略，就是在提高這些能力的同時，抱有強烈的希望對所在社群有所貢獻的想法，並且展現在創作內容中，也就是以社群的「發言人」為目標。

我的創作定位是「社群影片教祖」，因此經常遇到想成為創作者的人來諮詢。其中最多的是現職為模特兒或偶像，但是希望提高社群媒體的宣傳力道，又或者是「真希望YouTube頻道的訂閱人數再多一點」這類比較輕鬆的諮詢。

這時，我一定會問對方：「你的創作主題是什麼呢？」結果大家頭上總是浮現出大大的問號，喃喃說著：「……呃，咖啡廳探店之類的？」同樣的例子實在太多，所以我把這個現象命名為「咖啡廳探店病」。

畢竟大家都喜歡咖啡廳，社群媒體上也經常看到介紹咖啡廳的貼文，所以他們或許認為，「咖啡廳探店」是有效宣傳的手法，而這個推論過程，完全不足以稱為社群聆聽。

比方說，假如你真的熱愛咖啡，一年就去了三百間咖啡店，那麼以統整的角度整理五花八門的店家，將豆子產地、口味跟研磨方式都化為數據，或許能夠成為以「咖啡和咖啡店」為主題的創作者。換成紅茶、鬆餅或者水果三明治也一樣，只要有相同的創作熱忱應該就能成立。

但多數人只是去了幾間時髦的咖啡廳，點幾樣甜點，吃完就走了，完全不伴隨任何努力，咖啡廳探店活動到此結束。這等程度的創作，是不會有人支持的。就算有人支持，那應該是本來就對你有興趣的人。最後，你得到的就只有過多的糖分，成果是身上的脂肪，這也太讓人難過了。

如果想要成為創作者，就必須徹底研究話題內容，目標要放在成為同樣愛好咖啡、茶或者鬆餅社群的領導者。這就是ＫＯＬ，也是產生個人關注度的重點。

世界上有無數的社群存在，透過開拓社群成員的視野，為他們帶來新發現，或是分享可以引發討論的內容，你就能成為社群的ＫＯＬ，也就是「發言人」。如此一來，你所發表的資訊就是有價值的，也就能夠獲得關注度。

到時候，你就有機會協助有名咖啡店宣傳，或許還能夠得到報酬，也可能直接前往咖啡豆產地和農家簽約，銷售你獨家的咖啡豆。如果你宣布自己將開設一間咖啡店，那麼先前經常留心你內容的人，肯定會成為客人，前去造訪。

然而，若沒有令自己狂熱的主題，也不打算負起「發言人」的責任，就只是去逛了一大堆咖啡廳，往後想必不可能走向光明的未來。

不要以為咖啡廳探店只是到處吃東西！這個世界才沒有那麼輕鬆！

短影音內容設計的六階段

1	**搜尋**	花費三天左右進行「社群聆聽」
2	**制定方針**	了解目標社群和其需求
3	**選擇創作方式**	評估要用什麼方式來實現方針
4	**製作**	建構→拍攝→編輯，快速製作影片
5	**打造「留白」**	埋下能引發社群互動討論的種子
6	**檢驗效果**	確認參與率，快速修正並重複創作循環

65【關鍵字4．內容設計】「社群聆聽」：利用有效搜尋方式，快速收集資訊

短影音的內容設計過程，可分為六個階段：搜尋、制定方針、選擇創作方式、製作、打造留白，以及檢驗效果。接下來會以ONE MEDIA的工作流程為例，介紹各階段的運作方式。

社群媒體和短影音的流行變化極快。如果在過去，內容的企劃階段大概就需要三個月，然後花費三個月製作，從開工以後，大概要花半年才能真正開始傳播內容。

然而在現代，如果今天想到的內容想

法，到了下個月都還沒有成品，那就太慢了。因此，我們ONE MEDIA會先用三天進行社群聆聽，也就是搜尋過去內容，「以發現取代發明」。而應該要「發現」的主要是以下三個要素：

- 目標主題中，核心的主題標籤
- 使用該主題標籤的社群屬性
- 該社群的中心人物或KOL

66「制定方針」：從留言欄尋找目標族群需求

接著，下一個步驟就是制定方針。

確認核心的主題標籤之後，必須觀察使用這些標籤的社群平時進行了哪些對話。受歡迎的影片，留言欄就像是討論區，社群會在這裡熱烈的交換意見。此外，熱門KOL的貼文底下，一定也會有意見值得參考的追蹤者。我們要透過這些內容，了解該社群的需求。

資訊收集到這個地步，應該就能逐漸確立該使用哪些主題標籤、針對哪一類社群、和哪個創作者合作，以及該製作怎樣的內容，並依此制定出內容的方針。

❻❼配合社群特性，選擇最適當的「話題營造方式」

製作方針確立以後，接下來就要開始思考，想要實現目標，最好的創作方式是什麼？是製作簡單的影片嗎？又或者是引發社群集體參與，打造大家都能輕鬆上傳影片的特效？還是連曲子都做好，或創作出類似舞蹈的動作呢？

這個階段，必須考量創作者的粉絲社群特性，釐清企劃目的以及構成內容的零件。

❻❽以「文字分鏡」加快製作速度

過去由廣告經銷商的企劃或創意總監所執行的製作工作，在ONE MEDIA則是由創作者來決定方向以及執行。

過去製作廣告需要「分鏡圖」，但短影音只需要「分鏡文字」就好。畢竟短影音的主角是創作者自己，想呈現的畫面也是創作者日積月累的東西，因此他們都能馬上想像出完成的樣子，只需要用文字寫下「我大概會用這樣的結構製作」就可以，並不會花費太多時間。以飛快的速度製作「分鏡文字」，接下來只要發案廠商點頭，大概一星期以內就可以拍攝影片。

拍攝完成後，創作者就會開始編輯影片。畢竟他們平常發表的內容就有固定格式，因此編輯上也相當快速。接著只需要注意該於什麼時機發表，也就是何時該進行「流通」。

69「留白」：創造社群討論熱度

製作時還有一個重點，我希望大家了解「留白」的重要性，這是提高觀眾參與度的必要元素。思考如何自然和觀眾產生對話，引發社群的回饋，甚至自己模仿製作類似影片……必須盡力誘導大家做出這類行為。

優秀的創作者相當熟知該如何製作影片才能夠吸引觀眾參與。

以前我曾經受「Yahoo! 商城」（Yahoo! マート）的委託，和社群媒體總追蹤者超過一百九十萬人（二〇二三年二月），號稱「新無業遊民」的人氣創作者「酒村Yukke」合作過。當時，他影片中的「留白」令人印象深刻。這支影片是描繪一個人在獨居的日常生活當中，就算不踏出家門一步，日用品也能透過「Yahoo!市場」送到家的方便性。

然而，單純靠這種內容，是無法產生社群對話的。這個影片的結尾是「衛生紙沒了，死定了！」接著又出現神祕的說明「被睡在院子帳篷裡的表哥拯救了，阻止了第二次衝擊」。只看「分鏡文字」，實在搞不懂用意何在，但是完成的影片，卻讓觀眾因為這句話而對衛生紙的部分印象深刻，還有許多人留下「睡在院子帳篷的表哥？怎麼回事啊？（笑）」之類的留言。

有效將「留白」視覺化，就是社群媒體創作者的厲害之處。

關於「第二次衝擊」，大部分的人都不知道意思，對吧？但是，此時觀眾就會吐槽「第二次衝擊是什麼啦！」社群中因此產生對話，就算繞了很多路，大家最終還是共同接收到「Yahoo!商城」很方便的訊息。

在TikTok上，創造這樣的「吐槽點」以及引發大家留言的「留白」以提高參與度，也是非常重要的。

70「檢驗效果」：檢視內容的參與度有多高

內容設計的最終階段，就是檢驗效果。前面提過，希望大家不要將播放次數作為影片的成果指標，而是重視影片能夠產生多少參與度。因為如果參與度提高，影片就能創造更多觸及。

無論對於企業或創作者，「能夠催生多少狂熱程度」是內容流通的關鍵。觀眾的反應立刻就能觀測，所以基本上要以單日為單位測量參與率，在一天內完成創作的ＰＤＣＡ循環。

短影音平台屬於「流動型」，內容會在畫面中不斷「流走」。而YouTube等長影片平台是「庫存型」的內容平台，因此很可能因為某一個契機，使過去的影片忽然爆紅。

所以在短影音的世界當中，發佈影片的時機就是一切。如果無法在一定時間內累積參與度，然後被推薦機制認可，出現在「推薦影片」頁面中的話，影片幾乎永遠不會再浮上檯面了。因此，基本上在一天之內，又或是上傳影片的幾個小時內，就必須完成短影音創作的ＰＤＣＡ循環。

構成短影音的四大要素

1 **鉤子**	開始後0.1秒吸引目光的視覺、到第2秒為止要自我介紹
2 **前奏**	第6秒前要說明影片主旨
3 **主體**	考量「項目主題」、「音樂」、「旁白」、「標籤」
4 **結尾**	加上引發留言的空白

不過，以上是指不付費宣傳的情況。不管是TikTok或YouTube Shorts都具有廣告功能，可以透過支付廣告費，強力推送自己製作的影片。如果有廣告的加強，那麼要了解內容深入用戶的程度，就必須以三天為單位來詳查。

說起來，刻意推送影片就是為了將資訊傳達給尚未觸及該創作者或影片的人。如果用金錢購買的觸及，能夠換取適當的參與和回應，那麼只要以同樣做法繼續創作影片即可。

話雖如此，如果只有一個創作，是無法驗證參與成效的。至少需要用三支影片以上的創作內容進行比較與驗證，才能夠判斷影片的切入點是否正確。因此在短影音的世界中，作品數量遠超過電視廣告和長影片。成功的重點，就在盡可能多次嘗試。

想要製作出打動觀眾的影片，必須要「體驗」短影音。如果不太熟悉短影音，可以看看TikTok或YouTube的短影音介面。介面會配合你（用戶）的興趣，排列出系統精挑細選的「推薦」影片。請將手指從螢幕垂直快速滑過去，直到你停下手指，也就是出現了一瞬間讓你「想要再看一下」的影片為止。

只要能夠理解，你所設計出的影片必須在這種速度感下，停下更多用戶的手指，那麼你影片參與度也會提高。

那麼，為了讓大家理解短影音PDCA的循環，接下來我就逐步說明構成影片的四大要素，將影片分為鉤子、前奏、主體跟結尾四個部分，探究短影音的結構和時間設計。

71【關鍵字5・時間設計】「下鉤子」：一開場就吸粉，讓觀眾停下手指

短影音的特徵在於，非常重視影片四大要素中的「鉤子」：也就是開頭的部分。

在「鉤子」區塊，最重要的是在開始的○・一秒內，必須出現吸引目光的視覺元素，以及第二秒之前表現出自己是誰。

據說人類在自動販賣機前選擇商品的時間大約是兩秒。這在YouTube影片上也相同，我也會憑藉最初兩秒來決定要不要停下「眼睛和手指」，所以經常強調製作鉤子的方式有多麼重要。

短影音的速度感比YouTube影片更快，何止是兩秒，其實在開始的○・一秒內，那「最初的震撼感」就能分出高下。既然只有○・一秒，觀眾肯定來不及閱讀文字和聆聽旁白。那麼什麼才是吸引目光的關鍵呢？就是最初映入眼簾的視覺元素。

「○・一秒吸引目光的視覺元素」，具有以下三項特徵：

- **人物露臉**
- **字幕條寫出影片的主題**
- **用物件或語句讓人立刻明白影片主題**

如果做到這幾點，接下來就必須在兩秒內進行自我介紹。TikTok上快速成長的創作者，都能夠在第二秒結束前說明自己誰（例如「每個月支出一半花在化妝品上的女人」、「有錢人旁邊的那個人」

等等）。

總之，最重要的是讓觀眾在這時先停下手指。畢竟不管接下來的內容多麼精采，要是影片縮圖無法吸引人點進來，那就跟毫無意義的網路新聞無異了。

如果用戶的手指沒有停下來，你的影片就等於不存在。

72 「前奏」：帶入正題，表達影片重點

在接下來的「前奏」部分，大致上是到第二到第六秒為止，要簡潔說明這是怎樣的影片（「我要介紹○○」、「今天要試著做○○」等）。

我的體感認為，短影音的節奏比YouTube長影片快了許多，從鉤子到前奏為止，合適的時間壓縮了一．五倍左右。

觀眾會在看完前奏之後，決定是否要繼續觀看影片。如果字幕條足夠吸引人，或者打造出令人舒適的節奏感，大家就會繼續看下去。

此時，不可或缺的就是能夠將影片重點表現得魅力十足的旁白或說明。

⑦③「主體」：內容「上相度」取決於四個關鍵

如果將「誰、做什麼、怎麼做」的概念，對應到短影音理論中的「鉤子、前奏、主體」，那麼「怎麼做」就是「主體」的內容了。

主體必須依照不同平台特性，採取各種製作方式，其中主題物件、配樂、旁白跟主題標籤等要素的選擇就十分重要。製作短影音時，不能只選擇「自己想做的」，必須考量如何**「看起來上相」**才行。

以**「主題物件」**來舉例，適合在YouTube和TikTok上介紹的化妝品品項，其實大不相同。在TikTok上，「視覺吸引力」遠比在YouTube來得重要，因此有色彩變化、質感差異（濕潤、光澤、閃耀），讓人看了產生愉悅感的產品比較受歡迎。另一方面，如果是大家都知道且不容易有驚喜感的經典款商品，大多難以受到關注。

這個原則不僅適用於化妝品，也可以代換到其他領域。在短影音的世界中，觀眾更追求視覺帶來的愉悅感和驚喜。

接下來是「**配樂**」，必須使用熱門流行音樂，也就是大家都在聽的歌。與其配上不知名的音樂，選擇熟悉的旋律比較不容易因為內容而被選擇性跳過。TikTok有一個功能，是可以在看影片時將喜歡的配樂保存下來，方便收藏受歡迎的曲子，是一大優點。

關於「**旁白**」，語速稍微快一些比較有TikTok的感覺。建議比YouTube和Instagram的旁白快一點，也可以透過剪輯來加速。如果影片很難加入旁白，那麼疊加TikTok風格的字幕條也很受歡迎。

最後是「**主題標籤**」。每個受歡迎的趨勢領域都有相關的主題標籤。TikTok上顯示了每個主題標籤的使用次數，因此可以事先搜尋影片主題有什麼相關標籤，並確認哪些標籤的發佈內容數量最多（主題標籤聲量）。針對具有一定聲量的標籤，研究其中的影片內容，找出有別於那些作品的表現手法，以此製作影片就沒問題了。

74 「結尾」：營造出「讓人忍不住留言」的氛圍

結尾的重點在於創造「留白」，也就是設計一個引發觀眾留言的契機。

這與 TikTok 的推薦機制有著很大的關係。推薦機制以參與度為基準，也就是用影片的觀看時間、按讚數和留言數作為標準，決定顯示在用戶時間軸上的「推薦」內容。尤其，系統更傾向於推薦那些花費心思累積較多留言的影片。

因此在結尾部分，一定要拋出讓人看了忍不住想回應的「留白」。

至此，我們將短影音分為鉤子、前奏、主體和結尾四個段落，探討了更有效的短影音內容結構，以及時間設計方式。

在製作內容時，如果嘗試一次做完，或許會產生一些壓力，並且在作判斷時感到迷惘。然而，如果將影片分為四個部分，評估每個段落最好的展現方式，就能有邏輯的整理及思考內容，應該也能製作出更完整且連貫的影片。

在了解上述重點後，接著我們就來看 TikTok 的三種發佈方式，分別適合哪些時機使用？

75【關鍵字6・影片、直播、限時動態功能】三種TikTok功能的使用時機

TikTok帳號的內容，區分為影片、直播和限時動態三種。影片是平台主要內容，目標是每星期至少上傳兩支以上。不過這是最低下限，剛建立帳號的階段，基本上必須每天更新並且重複PDCA循環，這一點非常重要，請千萬不要忘記。

另外，最多可以選擇三則內容，固定排列在帳號主頁的最上方，也就是「置頂」。這三則影片，必須盡量表現出帳號或者創作者的強項。

接下來是直播，它和其他影片一樣會出現在推薦畫面，因此是接觸潛在追蹤者（新粉絲）的一大管道。

TikTok官方並沒有公告創作者需要擁有多少追蹤者才能使用直播功能，不過最初的標準其實是兩千人。如今門檻已經下降，據說目前的門檻是三百到五百人左右（二〇二三年二月時）。由於創作者也可以和其他人共同直播，如此一來就能和合作對象的粉絲交流，也有機會獲得新粉絲。

最後是限時動態功能，跟Instagram的「限時動態」功能很像，可以分享公開圖像或影片等內容二十四個小時（之後內容會自動消失）。雖然看起來和一般的影片沒有兩樣，不過畫面上會出現「限時動態」字樣。限時動態會出現在追蹤者的推薦畫面當中，讓你有效地跟追蹤者之間保持接觸。

76【關鍵字7．推薦機制】如何制霸「推薦頁面」？

了解這幾項TikTok帳號的基本功能與用途之後，最重要的就是解析及利用推薦機制，想辦法讓自己出現在推薦頁面當中。

短影音和傳統數位行銷有一個決定性的差異。過去，數位行銷的基礎是分析用戶的「搜尋」行為，解析Google等搜尋引擎的搜尋結果。然而在以短影音為中心的「推薦引擎」世界裡，用戶就算不搜尋，也能看到符合喜好的內容。即使不了解特定主題、服務或商品名稱，這些內容也會顯示在推薦頁面上。

我們的目標，就是讓自己的影片，顯示在還不認識你的用戶的推薦頁面上。否則，影片播放次數、追蹤者人數，以及觀看內容後花錢購買商品或服務的人就不會增加。想要登上推薦頁面，影片製作和帳號運用方式就極為重要。

如第一章中重點7「其他媒體與TikTok等新興社群媒體的行銷手法比較」圖表所示，相較於傳統數位行銷，TikTok的特點在於引導消費者從銷售漏斗最頂端的「興趣、關心」階段，直接連接到購買行為。

為何會發生這種現象呢？或許是因為，系統推薦的依據正是用戶自己也沒發現的欲望。推薦機制針對人們在明確意識中還沒認知到的潛在「自我」，推薦最適合的資訊，使深藏的欲望浮現。所以大家才會跳過「比較、評估」的階段，直接「購買」。

到這裡，大家應該能理解在製作內容時，想辦法讓產品或服務受到系統推薦，是多麼重要了。

77【關鍵字8．參與率】用戶參與是提升曝光的重點

不僅是TikTok，YouTube短影音、Instagram限時動態和探索頁面等社群媒體功能大多數

都採用推薦機制，用戶可以從平台的推薦頁面得到新資訊。雖然本書以TikTok作為具體範例來說明，不過也可以應用在YouTube短影音或Instagram上，因為不同平台背後的演算法幾乎都是共通的。

推薦系統的演算法，基本原則是「內容發佈後，如果能在一定時間內獲得較高的按讚、留言、收藏、分享數或完整播放率，就會被推薦給更多用戶」。

而這些數值顯示的是對內容做出反應的用戶比例，這個比例稱為**「參與率」**。想要讓其他人看見你的帳號和內容，成功關鍵就在提高參與率以進入演算法的推薦範圍，並且被顯示在大家的推薦頁面中。

提高參與率的方法，基本上有下列三點：

①增加發佈數量

每週最少要發佈兩次內容，讓系統認為這是一個活躍的帳號。

②事前預告

如果沒有在內容發佈之後的一定時間內達到高參與率，就無法被系統推薦。因此在所有社群媒體上，發佈前都要預告追蹤者「今天幾點我會發佈影片，要看喔！」盡量提高初期的數據表現。

③鼓勵觀眾留言

可以在影片的「結尾」中，加入「留言告訴我○○」、「我會回覆留言」這類「鼓勵」用戶留言的結語，或者是設計一些「留白」。如此一來就可以透過留言親近粉絲，提高出現在推薦頁面的機會。

78【關鍵字9・回覆留言】直播的增粉關鍵在「對話」

要提高參與率，「回覆留言」尤其重要。

除了在影片的結尾，設計吐槽點或「留白」吸引觀眾留言，更不能忽略「回覆」。認真回覆，觀眾也會再寫下新評論，這樣就能增加留言數量。當觀眾認定你是積極回覆的創作者，就能在以後的影片中期待更多回應。這種踏實的互動是建立參與度的基礎。

在本書的讀者之中，應該有不少負責經營企業社群媒體帳號的人。你們最重要的工作之一，其實就是「回覆」。內容並不是製作完就算完成了，而必須經過製作、傳達，以及引發對話。這大概是今後傳播、公關與行銷人員必須的工作。

TikTok的直播也是如此，若想出現在推薦頁面，就需要觀眾熱烈留言。TikTok直播和一般影片不同的是，即使不是追蹤者也能看到直播內容。也就是說，重點在於那些還沒追蹤你的新觀眾是否願意留言。

日本直播平台「SHOWROOM」社長前田裕二還有創作者菅本裕子，都把直播比喻為「小酒館」，直播主（創作者）就像媽媽桑，看似只有媽媽桑一個人負責炒熱場子，但店裡的氣氛其實是由他和客人一起打造。小酒館營造氛圍的方式，和直播是共通的。

想要讓不經意走進店裡的顧客融入其中，媽媽桑跟老顧客們（現有的追蹤者）的交流就相當重要。因此，建議事先準備好帶動話題的技巧和「留白」，促進新舊觀眾的互動，更容易增加粉絲。

對於只是「過來看一眼」的觀眾，為了吸引他們加入直播，必須在畫面上清楚顯示「今天的直播目的」，創造一些引導留言的巧思，務必像這樣多下功夫來增進互動。

79【關鍵字10．TikTok爆款】一秒觸發購買行為

「TikTok爆款」現象的出現，一度令世界譁然。但是，短影音真的可以直接連結到購買行為嗎？從結論來說，我的回答是「可以」。這個現象真實存在，然而，並不是所有商品跟服務都適合透過短影音來銷售。

最容易受益的，就是有形的商品。比方說化妝品、食品和衣服等容易呈現在手機畫面裡，價格也適合在日常生活中購買，大家都能迅速跟風的商品，就非常適合短影音。尤其在美容領域中，使用商品或服務的前後對比影片就很受歡迎，因為可以帶給人強烈的印象，容易吸引用戶。

另外，視覺內容和短影音非常適合展現個人興趣和嗜好，這類性質的相關產品，就算價格較高也沒關係。在TikTok上，室內裝潢以及房屋改造的資訊也很受歡迎，正是因為這些服務價格昂貴，因此資訊更顯重要，而影片的視覺資訊也比文字易懂，所以更具有優勢。

二〇二三年TikTok上應該會有很多**「汽車」**廣告的貼文。ONE MEDIA也曾為豐田汽車製作TikTok影片，相信今後自家用車等高價產品的相關影片也將逐漸增加。

而這個領域，與前面章節中「成功網紅的四大分類」所定義的「專家型創作者」較為匹配，所以此類型創作者將來大概會有更多表現機會。

80 無形的商品，要由創作者實際示範產品體驗

另一方面，無形的商品和服務比較不適合短影音行銷。

無形的商品，內容製作難度就提高了一些。有形商品只要透過鏡頭拍攝，就能建立內容的基礎，但是商品如果沒有實體，也就無法直接將產品變成影片。

舉例來說，無形產品中最具代表性的就是金融服務。TikTok上的財經類創作者，大多都是「露臉」進行活動，並且依照內容設計公式，在六秒內說明影片主旨，例如利用圖片和旁白介紹自己是誰，以及接下來要做什麼等等。因為無形的商品和服務無法直接拍攝，所以製作的重點就在創作者必須拍攝自己，並且以簡單易懂的方式表現產品內容。

如果影片內容比文字更好懂，就能獲得更高的參與度，最終還是可以引導用戶購買商品或服務。

企業想要為無形商品製作社群行銷影片時，如果對行銷創意缺乏自信，不妨委託ONE MEDIA這樣的公司，又或是與該領域中的專業型創作者合作，都是相當有效的手段。

短影音行銷的十個關鍵字中，你對哪一項最有興趣？請務必從容易上手的項目開始挑戰看看。

創作者一定要露臉嗎？

我們已經了解製作短影音的關鍵字。不過，希望成為創作者的人之中，或許還是有些人不想要露臉。這種情況下，該如何吸引關注呢？

81【創作戰略1・吸睛的視覺元素】善用視覺表現傳達主題

獲得關注度的基本條件是「露臉」，但也有不露臉仍然大受歡迎的影片和創作者。此時，影片主角就不是創作者，而是物件。

比方說美妝系 TikToker 有賀美沙紀，一開始其實沒有在影片中露臉，而是將化妝品塗抹在手上，表現色調以及服貼度等等。而創作者 aaa_tsushi_ 只靠一台手機就能拍出厲害的短片，因為高超技巧而人氣高漲，他的創作主題以分享拍照和錄影手法為主，許多影片中並沒有本人的身影。即使創作者不現身，如果可以利用其他視覺元素傳達主題，影片還是能夠有效傳播出去。

只要有勇氣，人人都能露臉，因此本書以這個方法為創作的原則。想要脫離原則，就必須有相當的創造力和巧思。如果運用得宜，那麼就算不露臉，也能夠製作出受歡迎的影片。真的很抗拒露臉的人，務必多加研究這一類內容。

取景時要注意什麼？

82【創作戰略2．取景】拍攝時的重點和「畫面安全區域」

製作短影音時，還必須區分直式、橫式影片的差異。如果選擇直向拍攝，就要了解取景的趨勢，問題是，這些趨勢的變化相當頻繁。

比方說，熟悉TikTok的創作者最近就表示，相較於TikTok風格的影片，一些「不太一樣」的影片反而開始受到歡迎。由YouTube轉移到TikTok的某位創作者也說，一開始他的影片因為「不像TikTok」而沒什麼人氣，不過最近，他單純分享資訊的影片反而吸引了對「TikTok風格的影片」感到厭煩的用戶，播放次數也開始提升。

以我的經驗來看，趨勢通常會在兩個極端之間搖擺。想必今後的流行會從TikTok風趨向樸素感，又從樸素感轉換為TikTok風，如此循環。無論如何，本著「發現取代發明」的精神，敏銳地關注當下趨勢，才是最重要的。

另外，在取景時，希望大家多加注意**「安全區域」**的概念。

傳統電視廣告和長影片中，通常不會出現影片以外的元素遮蔽畫面。然而TikTok、Instagram 連續短片與YouTube Shorts這類直式影片，有一個特徵是畫面中包含留言欄和功能欄等用戶介面。

而「安全區域」指的就是不受這些元素影響的畫面範圍。編輯影片時，務必將重要的視覺元素（例如自己的臉、主題、產品和字幕條等），放置在安全區域中。短影音不像電視廣告和長影片，無法將整個畫面當成畫布自由使用，請謹記這一點。

大原則是「一支影片，一個訊息」

83【創作戰略3．訊息數量】一次只傳達「一項」重點

資訊發佈者想要傳達的訊息，與資訊接收者希望觀看的內容經常相互拉鋸，令創作者進退兩難。如果想在其中取得平衡，我們就必須改變過往習慣的長影片思維。

短影音的大原則是**「一支影片，一個訊息」**。大家都知道，在製作投影片時，「一張投影片只表達一個訊息」非常重要。而短影音也一樣，重點就在於將訊息濃縮成一項。

在短影音極短的時間軸中，我們必須集中在開場的六秒以內，傳達「我是誰、要做什麼、怎麼做」。如果想傳達的重點很多，那麼最好有製作同等數量影片的覺悟。

短影音平台的「追蹤」定律

84【創作戰略4・訂閱、追蹤的定律】短影音平台如何創造追蹤

和YouTube相比，經營短影音平台比較不需要在意頻道訂閱數和追蹤人數。

首先我們必須了解YouTube的特性。用戶透過YouTube觀看影片的過程，大致上區分為三種。第一種是用戶使用Google或YouTube搜尋，有目的性地抵達影片。第二種是點擊其他社群媒體上某個人分享的影片連結，然後跳轉過來。第三種則是從YouTube首頁點擊影片縮圖。基本上只要不開啟自動播放功能，YouTube並不會在播放完畢之後，接著播放其他影片。因此，希望觀看下一支的影片的觀眾，就會訂閱喜歡的頻道，藉此省略點擊的步驟。

YouTube最主要的特性在於它是庫存型平台，用戶透過訂閱，可以輕鬆瀏覽頻道過去的內容，而且新影片上線時也能收到通知，自然提升了訂閱的動機。

而相較於YouTube或Instagram，TikTok這類短影音平台比較接近流動型平台，訂閱和追

蹤的重要性顯得薄弱許多。因為所謂的推薦機制，就是從用戶沒有追蹤或訂閱的帳號中，挑選熱門影片以及符合用戶觀看喜好的影片，顯示在推薦頁面上。也就是說，即使不追蹤任何人，介面中也會不斷出現令用戶感到有趣的影片。

不過，這只是目前的情況。TikTok現在設置了「好友」頁面，專門顯示互相追蹤狀態下的「朋友」內容，或許可以藉此提高用戶追蹤的意願。

話雖如此，短影音平台本身對「追蹤」的強制力本來就比較低，因此也可以說，創作者必須更加努力促進用戶追蹤和訂閱頻道。

獲得演算法推薦，是短影音創作者成功的前提。因為只要出現在推薦頁面，就能被許多人還不認識你的用戶看見。

進入推薦頁面，就像是參加體育比賽中的地區預賽。想要突破這一關，必須在上傳影片後一定時間內獲得觀眾參與度，才有機會出現在陌生人的時間軸上。重複這些步驟，你的追蹤者將會慢慢增加。增加嘗試次數來產生參與度，才能創造關注度。

做到這一點以後，接著就是縣大賽了。當追蹤者人數及內容品質達到平台所設條件，就能夠使用直播這類進階功能。為了在這一關獲勝，就得擁有一定的實力，以及粉絲的支持。只要有強大的粉絲社群，創作者就能穩定地提升知名度，內容產生互動的速度也將大不相同。

縣大賽之結束後，接著就是全國大賽了。當你在全國大賽獲得優勝，也就是每週影片播放次數超過一百萬次時，終於，你也成為知名短影音創作者的一員了。

令人在意的各項「費用」

85【創作戰略5・從中獲利】創作者的市場價格

稍微談一談短影音的行銷費用吧。

首先，業界支付創作者的費用，大多是以**「追蹤者人數 × 業界市價」**決定。而市價會因為幾個因素產生變動。舉例來說，這位創作者屬於哪個領域？他在影片中傳達的資訊類別為何？他的追蹤者年齡層和性別分布如何？這些複雜的因素都會影響支付價碼。

粗略估算，日本的平均價碼大概是每位追蹤者兩日圓（二〇二三年二月）。也就是說，如果想委託擁有五十萬追蹤者的創作者製作宣傳影片，大概要花費一百萬日圓。

然而，如果只靠創作者獨立宣傳，很可能只有他的追蹤者看到廣告內容，所以還必須投入廣告費增加曝光。例如 TikTok 的官方廣告投放服務 Spark Ads，就是企業付費推廣影片內容的管道之一。

如果某個企業帳號追蹤者達到十萬人，代表每篇貼文都具有二十萬日圓的價值。

相較之下，假如委託追蹤人數是一百萬人的創作者，在一個月內，每天發佈一則內容，費用就是追蹤人數（一百萬人）×市價（二日圓）×天數（三十天）＝六千萬日圓，一年的費用則是七億兩千萬日圓。

當自家公司的帳號擁有一百萬追蹤者時，自己就能產生這個價值。如此一來，大家應該能明白，公司自行製作內容以及宣傳訊息的能力多麼重要。

86 企業與創作者雙方都能得到關注度的雙贏法則

企業在思考社群行銷成本時，絕對不能忘記一件事情：創作者參與企劃的同時，也希望自己能獲得關注度。

舉例來說，有一些企業雖然在社群媒體上的追蹤人數少，但是知名度卻很高，也就是在數位媒體領域並不活躍，不過經常出現在電視廣告中。當這種企業上門委託，創作者更有可能以特殊價格接案，而不是採用「追蹤者人數×二日圓」的市價。這是因為創作者希望利用這類企業的知名度來提升自己的品牌形象，藉此得到關注。

在現代，關注度已是超越金錢的貴重資源。因此對企業的企劃負責人來說，**「公司和創作者同時獲得正面關注的策略」**就十分重要。這意味著提出符合創作者特質的企劃方向，與製作出受粉絲社群喜愛的內容等各種面向。

如果企業發案時，單純將工作視為金錢交易，最終可能導致預算上升，且難以取得良好的成果。對於創作者來說，企劃帶來金錢以外的回饋也非常重要，這種企劃能夠激發創作者認真投入。我認為，這是現代行銷和傳播人士必備的觀念。

短影音的CP值如何？

87【創作戰略6・製作高CP值內容】「發現取代發明」降低初期成本

或許依然有許多人認為「拍攝影片很花錢，對吧？」如果是以前的長影片，機器和剪輯確實都需要一定的成本。然而，拍攝短影音只需要一支手機，就可以完成拍攝↓編輯↓發表↓流通等所有步驟，其實製作成本並不高。

我們更應該關注的是「創意」，並且將創意以能夠模仿的方式製作成內容。

如果自己產生創意太過困難，那麼就外包出去，或者交給經銷商，要不然就把案子交給創作者吧！不過既然想要輕鬆省事，當然必需支付相應的費用。想要以低預算產出好成果，就得要運用自己的腦袋才行。輕鬆、愉快加上高CP值，怎麼可能有那麼好的事情？話雖如此，我了解大家希望提升創作效率的心情。

所以我再次強調，進行社群聆聽時的重點在於「以發現取代發明」。

如果突然被要求「做一支短影音」讓你感到不知所措，大概是因為你感受到「非得拍出有趣影片」的壓力。但事實上，有趣的影片早已「存在」於某個地方，等待你發現。

88 利用主題標籤「聲量」鎖定熱門話題

「以發現取代發明」的具體方法，就是從品牌、商品或服務有關的主題標籤中，使用這些標籤的影片有什麼共通點。

舉例來說，跟「護膚」相關的主題標籤，就包含「#肌膚問題（播放次數：四七〇萬次）」、「#膚質改善（播放次數：一億五三五〇萬次）」和「#形象改造（播放次數：五十三億次）」等等（二〇二三年二月）。找出其中聲量最大（發佈數量最高）的主題標籤，並且觀察使用這個標籤的影片中受歡迎與沒人氣的內容。

仔細觀察那些熱門影片，應該就能有所「發現」。請你從共通的要素、影片形式、配樂、特效聲及主題中，尋找可以應用在自己創作中的元素。能做到這一點，即使預算有限，也可以做出顯著的效果。

如果自己無法順利實現企劃，這時請馬上連絡我們公司！我們恭候您的委託！

短影音行銷的風險

89【創作戰略7．風險管理】即使TikTok消失，世界仍需要創作者

經常有人詢問我，利用TikTok行銷有哪些風險？答案基本上跟社群媒體本身無關，主要是因為TikTok的母公司是中國企業。

我曾經向某家大企業提議利用TikTok宣傳的方案。原先案子進展順利，但是對方突然表示「要將公關費用投入中國營運的公司，令人相當遲疑」，整個企劃就這樣中止了。這種想法現在依然存在，不過現階段，大多數國際客戶都開始利用TikTok宣傳了。

商業上有應該承受的風險，以及不該承受的風險。日本企業應該不可能因為在中資平台TikTok上傳影片就遭到議論。我個人認為，將這件事情當成風險並沒有意義。

另一方面，若是說到將來可能發生的風險，應該要注意美國針對 TikTok 的規範。如果今後美國禁止使用 TikTok，部分用戶過去苦心經營的帳號就可能遭到移除。

但是，即使演變成那種情況，在短影音已成為主流的時代，YouTube 等社群平台肯定會迅速提供替代的平台或服務。

到時候，能夠馬上切換跑道的，不正是已經在 TikTok 上累積許多相關經驗的公司嗎？

90 確認合作對象能否信任，減少炎上風險

接下來，我們來談一談「炎上」的風險。

與創作者或網紅合作，肯定有許多人擔心當網紅發生爭議時，品牌聲譽跟著受損，對吧？確實不可否認，以個人身分活動的創作者，和傳統廣告經銷商或製作公司相比，針對爭議的風險管理比較鬆散。

話雖如此，並不是與廣告經銷商或製作公司合作就絕不會發生爭議。尤其是這幾年，由於企劃概念欠缺性別平權或多元共融意識，導致宣傳活動或廣告遭到炎上的範例層出不窮。

過去由男性主導的團隊所製作的廣告，經常無法應對平權意識等「新常識」的需求。而

熟悉社群媒體的創作者們，對社會的新標準更加敏感，因此也能降低在這方面遭到議論的風險。

若是想要迴避炎上的風險，就必須把創作者過去的貼文和發言都看過一次，並且實際和對方見面，確認他是否可以信任。如果沒有仔細確認合作對象的經歷和為人，就把工作丟給對方，那麼遭到炎上的風險當然會提高。很多時候，尊重創作者並且和對方維持正面互動，就可以充分避免引起爭議。

TikTok之後的趨勢是什麼？

91 透過元宇宙建構企業的獨立經濟圈

許多人問我：「TikTok之後的社群平台趨勢是什麼？」大家期待的回答，大概是虛擬實境（Virtual Reality，以下稱VR）、擴增實境（Augmented Reality，以下稱AR）或元宇宙。雖然它們經常被連結在一起，不過我還是認為不太一樣，VR和AR屬於科技，而元宇宙只是一個概念。

線上遊戲《要塞英雄（Fortnite）》就是元宇宙的例子。《要塞英雄》厲害的地方在於歌手可以在遊戲中開演唱會，同時販售演唱會特製的角色造型，確立了元宇宙內的經濟圈。

《要塞英雄》的開發公司Epic Games，顯然確信元宇宙將是未來社群網路的社交場所。

Epic Games將自家開發的遊戲引擎「虛幻引擎（Unreal Engine）」，以極低的費用開放給外界使用。遊戲開發商如果使用其他公司的引擎，必須支付二〇％的遊戲收益給引擎端。然而使用

「虛幻引擎」的話，遊戲收益低於一百萬美金就無需付費，超過時也只需要支付收益的五％（二〇二三年二月）。

Epic Games或許正考慮將未來所有使用「虛幻引擎」製作的遊戲，連結到以《要塞英雄》為主軸的Epic Games元宇宙世界。這個構想類似於漫威（Marvel）電影宇宙，所有角色共享同樣的世界觀，並且在彼此的故事裡交錯登場。

也就是說，Epic Games正在以打造自己的元宇宙帝國為目標，努力拓展帝國的基礎，也就是增加虛幻引擎的用戶。

92 就算進入元宇宙時代，視覺的重要性也不會改變

許多中年人仍然習慣使用臉書，很多人依舊更新著自己的Instagram，多數人都無法捨棄自己慣用的平台。

而現在正熱衷於《要塞英雄》的中、小學生們，就算進入職場，應該也會繼續玩這款遊戲。如果未來他們選擇將自己的工作、生活近況，分享在「虛幻引擎」為基礎的元宇宙社群

媒體上，這也相當合理。

正因如此，臉書才會不惜將公司更名為Meta也要投資元宇宙，微軟則是以大約六九〇億美元收購遊戲公司動視暴雪（Activision Blizzard）。因為他們認為，未來社群互動的中心，將是以3D電腦繪圖打造出來的另一個世界。

二〇三〇年或二〇四五年，微軟的Windows作業系統也許已經應用於元宇宙中。微軟在二〇二三年時宣布向人工智慧聊天機器人ChatGPT開發商OpenAI投資共計一百億美金。畢竟在元宇宙中，溝通必須透過線上聊天進行，而人工智慧助理才能即時幫助你，因此元宇宙中肯定少不了ChatGPT這樣的聊天機器人技術。

那麼，未來的創作者會變得如何呢？說實話，我能確定的只有一件事：最終，元宇宙依然是視覺溝通的世界。如果想要在元宇宙中進行廣告宣傳，一定是透過影像或影片，總不會使用文字，對吧？因為總的來說，元宇宙就是虛擬世界中的真實視覺體驗。

因此，就算時代改變，世界依然需要擅長視覺溝通的創作者。

目前ONE MEDIA也致力於製作TikTok特效。特效能夠幫助所有人製作出更好的視覺內容，我們認為提供這項「創作工具」在現代非常重要。相較於製作大量的創作，培育更多創作者才能帶來更大的影響。

或許未來創作和創作者的型態將不再侷限在數位形式。同樣的概念也許可以擴及各種領域也說不定。

Chapter 5

社群影片
——在未來存活與致勝的武器

生活中，有些事物如果沒有社群影片就不會出現。以我的方圓五公尺以內來說，大概就是三溫暖風潮下變得難以預約的店家，還有我在四十歲時才開始打的高爾夫球。以影片為契機誕生的事物，大概跟使用社群媒體的人數呈現一定的比例。

我將自己前一本著作的副書名訂為「VISUAL STORYTELLING」，因為我相信打造未來的並非文本，而是視覺溝通。

據說拉斯科洞窟壁畫（圖像）是距今一萬七千年前的人類所畫的；另一方面，文字（文本）的使用最早開始於西元前三千年左右。因此人類進行視覺溝通的歷史，遠比文字更長遠。但是不知何故，文字擁有驚人的權威性。這個世間，閱讀書籍似乎比觀看影片更受稱讚。在過去，想要向眾人傳達訊息，就只能利用文字這個媒介。

世界三大發明分別是「火藥」、「指南針」以及「活版印刷」。火藥可以產生人體能力之外的強大能量；指南針幫助人類跨越海洋，打開通往新世界的大門；而活版印刷則將原先只屬於特權階級的知識傳播給更多人，奠定了後來市民革命的基礎。其中，活版印刷術的出現，大幅提高了媒體（媒介）在社會中傳播訊息的能力。

日本新媒體PIVOT的負責人佐佐木紀彥曾說：「媒體具有教育的一面。」我們認為自己過去長期接觸的媒體型式比較偉大，這種錯覺是不是由此而生的呢？

像我一樣年約四十歲的世代，學生時代總是盯著教科書，長大後則是透過報紙得知新聞，書寫電子郵件來完成工作。也因此，我們很容易理所當然的認為，未來世代的傳播基礎仍然是文字。然而，更加正確的說法應該是：

「過去，個人能夠處理的媒體就只有文字而已。」

如果莫札特活在現代，他大概不會寫下樂譜，而是像藤井風一樣，拍下自己演奏自創曲的影片並且上傳到YouTube。

莫札特在三十五年的人生中，留下多達六二六首作品。他最有名的故事之一，就是只聽過一次僅限於羅馬西斯汀禮拜堂演出的「求主垂憐」，就把內容完全記了下來。只聽一次就能寫出九個聲部構成的合唱曲樂譜，這樣的人應該無須依賴五線譜吧。

嘻哈史上最偉大的饒舌歌手Jay-Z也表示，自己從來不曾將歌詞寫在紙上，而是全部記在腦袋裡。而他所打造的音樂不只以文字的形式留存下來，更以音源、音樂錄影帶以及現場演出的方式被記錄並且傳播出去。

假設畢卡索活在現代，肯定也會採用網紅的行銷手法。畢卡索是二十世紀的藝術家代表，他為了銷售作品而親自執行的行銷策略，在藝術交易領域堪稱劃時代之舉。他先是拜託朋友們詢問各個畫廊：「有沒有畢卡索的作品呢？」隨後再自行前往畫廊賣畫，而對方自然願意收購了。

本質上，這就和Instagram上的「今天我要介紹自己很喜歡的東西」、「這個夏天大家真的應該要買那樣商品！」這類潮流相同。

畢卡索還有一個事蹟，就是他會邀請畫商到自己的工作室，對他們說明「這個作品的脈絡是如此這般，我因為如此的思考所以使用這樣的表現」，然後當場拍賣作品，藉此提高自己繪畫作品的價值。以現在的概念來說，大概就像電商平台用直播的方式介紹新商品一樣。

即使在文字形式具有優勢的領域，輸出內容時也不一定只能使用文字。例如日本的學生明明長年學習英文，閱讀寫作能力都達到很高的程度，卻無法開口對話，正是因為學習時幾乎都只以文字形式進行輸入與輸出所導致。

據說現在全世界運動選手的成績紀錄飛躍性的提升，也是多虧了「錄影帶指導」，也就是透過影片學習優秀的姿勢技巧，以及回顧與修正自己的姿勢。

我在國中時，學習運動姿勢的方式主要是透過體育課本，實在令我摸不著頭緒，還老是被人嘲笑是「運動白痴」。然而，現在的我非常熱衷於高爾夫球，因為YouTube、TikTok和Instagram上都有許多分享高爾夫球影片的創作者可以參考，使我進步神速。畢竟高爾夫球的「輸出」可不是靠文字，而是身體的動作。

能夠以影音的形式輸入知識或技能，是因為現在人人擁有智慧型手機，可以透過它創造影片型態的視覺內容，也可以使用它觀看這些內容。這項變革的歷史，也不過十年而已。

時代正從文字主導的過去數百年，進入今後由影音主導的未來數百年，而我們正活在兩者的分水嶺。時尚、料理、咖啡廳、室內裝潢、展覽活動、音樂和體育等生活娛樂，正逐漸從文本轉換為視覺內容，這個趨勢無庸置疑，畢竟其中所有要素，都得透過視覺形式呈現。

文字僅有數千年的歷史，而我們作為生物，可是從兩萬年前就開始進行視覺溝通。正因如此，未來將是視覺化的世界。

本章是你通往視覺化世界的護照，歡迎來到新世界。你需要攜帶的行李，只有智慧型手機和這本書。

「視覺化」趨勢下的行銷守則

93 透過社群影片，增加與消費者的「接觸點」

人類進行視覺溝通的歷史非常漫長。在這當中，智慧型手機擴大了視覺溝通的應用，大幅改變近年的購物與銷售方式、人際交往方式，以及看待世界的方法，這一點相信你也有所體會。

那麼，視覺的力量將如何改變未來的工作型態呢？

有一點可以預測的是，「行銷」這個目前企業活動的基礎，將會劇烈改變。

美妝品牌ORBIS的社長小林琢磨就認為「行銷不該由行銷部門負責，而是經營的一部分」，並且表示：「我認為還存在著行銷部門的公司，已經行不通了。」

近年也有愈來愈多人認為，社長必須是最好的行銷或公關人員。隨著視覺溝通帶來的變化，包含社長在內的所有員工，都必須擁有行銷心態才行。

這個變化的背景，是消費者與企業的接觸點增加。在社群媒體普及以前，消費者和企業的接觸點受到大眾媒體壟斷，因此大部分企業只能透過大眾媒體宣傳產品，而消費者完成購買後，兩者的互動就此結束。

然而，如今的情況卻如同「TikTok爆款」一詞所象徵的，愈來愈多消費者在Instagram、YouTube或TikTok上分享商品資訊，吸引更多人觀看後跟著購買。

94 引導用戶在購物前、後「發限時動態」

因此，在這個「TikTok爆款」的時代，企業必須將商品和服務設計成**「視覺溝通上表現出色」**的形態，同時打造出有利於打卡、分享的機制。

最好的範例就是最近的「球鞋市場泡沫」。

在二手交易應用程式「Mercari（メルカリ）」和限量精品拍賣網站「StockX」等平台上，有許多人高價買賣限定款球鞋。NIKE尤其受到喜愛，而我認為，創造這種情況的最大功臣，並不是企劃部或是球鞋設計部門，也不是負責公關宣傳的部門，而是NIKE官方應用程式「SNKRS」[1]團隊。

NIKE的限定款球鞋在日本是透過「SNKRS」應用程式販售，為了避免發售時粉絲群起搶購，上市前會進行線上抽籤，確保顧客以定價購買的權利。如果順利抽中購買資格，應用程式畫面中就會出現所購買的球鞋照片和「GOT'EM」字樣的圖像。大家紛紛在手機上截圖，並且將「GOT'EM（買到啦）!」的喜悅分享到Instagram、X或TikTok上。

這完全是應用程式UI[2]、UX[3]設計團隊看準了「這樣一來球鞋迷肯定想要分享到社群媒體上」而製作出來的圈套。可以說是在B2C[4]模式中，利用絕妙的「截圖分享」設計，引導消費者主動為NIKE的商品進行視覺宣傳。

1 編按：台灣地區無法使用SNKRS應用程式，必須透過SNKRS官網購買。
2 User Interface的縮寫，指網站或應用程式的使用者介面，包含頁面功能、按鈕與區塊版型等元素。
3 User Experience的縮寫，指用戶透過產品或服務得到的體驗。
4 Business to Consumer的縮寫，指企業直接與消費者進行交易。

95 創造令人「想要發文」的情境

相同的情況還有許多因為Instagram而聞名觀光景點。舉例來說，明治神宮外苑的銀杏大道存在已久，但這幾年一到了秋天，觀光客就多到需要進行交通管制的程度。大家紛紛用手機或單眼相機拍下左右對稱的兩排銀杏樹，相似的照片充斥在Instagram上。

此外，日本環球影城在二〇〇〇年代初期的經營狀況低迷，卻由於幾個引爆人氣的元素，尤其是傾盡全力投入萬聖節的熱潮，實現了驚人的復甦。

相對於迪士尼樂園針對入園遊客的服裝進行部分限制，環球影城的規定就比較寬鬆。過去為了供遊客享受遊樂設施而打造的遊樂園建築，功用也搖身一變，在人人爭相進行視覺溝通的文化中，被賦予了「打卡分享」布景的價值。

如果像NIKE和環球影城一樣，擴大視覺溝通的應用，現有設施跟服務的價值也會隨之改變。就連應用程式上的購買完成畫面，都能成為在社群媒體上分享的素材。

只有行銷相關工作需要了解視覺溝通的時代已經結束了。企業中每個部門、各種專業領域的人都必須熟悉視覺溝通，才能在競爭中勝出。

96 社群媒體改變消費的動機

除了工作形態，一般人的生活起居也出現巨大的變化。最具象徵性的，就是快時尚的式微以及接續的新潮流。

具體來說，先前曾引起巨大風潮的「FOREVER 21[5]」，在二〇一九年時一度撤出日本市場。這顯示愈來愈多年輕人不再購買「快、輕鬆、便宜」的快時尚服裝，而更願意選擇比較貴但可以被「按讚」的品項。

這個轉變背後有一個強烈動機，就是消費者渴望和Instagram或TikTok上的名人穿著相同的單品。

例如BTS成員J-HOPE所穿著的HUMAN MADE連帽外套，即使要價三萬六千日圓（約新台幣八千元），粉絲還是趨之若鶩。儘管以連帽外套來說價格高昂，但是現在有了Mercari這種二手交易平台，其實或許相當划算，就算穿過以後在Mericari上轉手，應該也能賣到兩萬日圓（約新台幣四千元）左右，有些物品甚至可能比購買時的價格更高。如此一來，實際上只花了一萬六千日圓，卻能獲得遠超過同價位連帽外套所能產生的「按讚數量」，或許對年輕人來說是相當划算的花費。

快時尚失去氣勢的原因，或許是Mercari等二手市場的盛行，以及社群媒體上的創作者或網紅，創造出即使轉賣也能找到買家的熱門商品。

如今大量的商品充斥在市面上，消費者不再對普通的連帽外套感興趣。大家願意付錢購買的，是穿上之後可以在社群媒體上受到歡迎的單品。

5 美國洛杉磯休閒服裝品牌，於2000年進軍日本，最終陷入經營困難，2019年從日本市場全面撤店。之後重新調整商品概念和價格，打著「脫離快時尚」口號，於2023年2月開始進行線上銷售，同年4月再次日本開設實體店面。

97 「按讚數」成為新的購物指標

據說最近的小學生會這樣請求父母：「讓我穿舊衣服就好，但是我想要買《要塞英雄》的角色造型」。過去的孩子在學校、補習班和假日外出時透過打扮來表現自我，而這些場景都已經轉移到虛擬空間中，令人驚嘆。對於還無法註冊使用 Instagram 或 TikTok 的小學生來說，《要塞英雄》遊戲世界的截圖，或許就等於青春時期的相簿。

漫畫《哆啦 A 夢》裡，主角大雄等人放學後，總是在擺放水泥管的空地聚會。而在現代，東京都內已經很難找到那種地方，當然也沒有小孩在那裡玩耍了。現在的小學生，放學後聚會的「空地」就是《要塞英雄》，等到他們升上高中，也許會變成 TikTok。

近期，三十歲左右的人之間出現了空前的健身房潮流。以前，「上健身房」這個詞幾乎變成「無法堅持」的代名詞。但是隨著 Instagram 上愈來愈多女性分享上健身房後的身體變化，狀況也跟著改變。許多人看了這些分享後心想「我也該去健身房」，並且跟著發文分享，吸引其他健身伙伴前來按讚，為健身市場帶來新的動力。

醫學美容之所以變得稀鬆平常，也有一大原因來自Instagram等平台的視覺溝通影響力。從前，承認自己做過醫美被視作某種禁忌。不過，隨著前後對比照和手術感想成為社群媒體上受歡迎的內容，按讚的用戶也增加了。由於這個趨勢，醫美本身也愈來愈受歡迎。

人們在今後的生活中，或許會更傾向使用那些受到按讚或留言，也就是引起話題的商品和服務。

商務人士在企劃新商品或服務時，務必考量「在視覺溝通方面可以如何操作」跟「消費者會將商品以什麼形式上傳到TikTok或Instagram上」等要素。

視覺溝通的巨大影響力，從星巴克取得全球性的成功便能明白。分享其他連鎖店的咖啡很難吸引他人按讚，但是星巴克的星冰樂或季節限定品項，卻能獲得大量的「讚」。如果從按讚數至上的思考方式來說，星巴克咖啡**「雖然比較貴，但換算成按讚的價值來看其實很划算」**。

從這些例子應該能了解到，「按讚數」將成為不可忽視的新購物指標。

名爲ONE MEDIA的大船

98 未來是創作者的時代

二〇二二年五月三十日，ONE MEDIA宣布「終止其他影片製作業務，開始協助以TikTok為主的創作者」，並且建立了創作者品牌「（C_C）」。

我們在日本最有名的JR澀谷站前大型廣告看板上，展示了這段標語：

「沒有溝通能力，沒有錢，不會看氣氛。

正因如此，我們有話想說。

踏出一步，發佈訊息，顫抖著前行。

與其迎合大人，不如靠自己的可能性活下去。

到那個時刻，我的整個人生就是內容。」

發表當晚，我們也在YouTube上進行臨時直播，標題是「【報告】本公司將不再製作影片。」那真是漫長的一天。看見公告的人，紛紛驚愕表示：「你們不拍片了嗎？」

但其實在兩年前，ONE MEDIA就打算不再繼續製片了。進入二〇二二年，ONE MEDIA的營業額中幾乎沒有單純製片的收入。正確來說，我們只是等到那個時間點才大肆發表，其實早就轉換跑道了。

為什麼呢？簡而言之，原因就是新冠肺炎疫情。由於疫情，我們的工作被政府蓋上「不必要、不緊急」的烙印，畢竟拍攝影片的工作根本是密切接觸大遊行。原先確定的工作幾乎都取消了，公司也被迫進行遠端工作，我們在中目黑打造的攝影棚，變成了黑暗又冷冰冰的地方。

我們一路以來燃燒靈魂的工作成果，就這樣毀了。不管是活動業、餐飲業，還有當時各種行業的人，想必都跟我們有一樣的想法。我們真的無事可做，進退維谷。

就算打開電視，也因為電視台無法拍攝新節目，只能不斷重播。就在那時，我乾脆將頻道切換到YouTube，而那裡有不斷更新作品的創作者。打開手機，TikTok創作者們也仍然活力十足。即使面對這種前所未見的狀況，他們卻持續創作。我這才感受到，像我們這種「創意公司」是多麼無力。

我最初設立ONE MEDIA，也是因為YouTube。我在大學時加入影像社團，自己拍攝影片然後製成ＤＶＤ分發出去，希望有更多人看到我們的作品。在大學四年級某天，我把自己製作的影像上傳到被Google收購前的YouTube，結果有一位遠在遙遠彼端的加拿大人留言給我：「Awesome!（超酷的）」讓那時的我體驗到Ｗｅｂ２．０的嶄新可能性。

當時的媒體業界中，電視仍然擁有壓倒性的影響力。但是我在網路業界感受到未來，所以選擇這條道路。實際上體驗之後，我每天都後悔著自己對創作本身並沒有興趣，心想「我根本走錯世界了吧！」

或許是想對那時的自己加油打氣，我設立了這家公司。我想做有創作性的東西，想成為創作者。然而這和傳統媒體中的創作又不一樣，我手足無措。當時在嶄新又自由的數位世界中，影片的領域才剛剛成形，那時還沒出現YouTuber這個詞彙，也完全沒有靠這個職業生活的環境。

我想打造一個那時的我會想要加入的公司，我打從心底這麼想。我想要追求最適合智慧型手機的影片創作方式，建立知名企業和品牌願意付錢委託的服務。

然而疫情讓我明白，我們過去的任務已經到此結束。在ONE MEDIA一路開拓出的世界，大家已經可以靠自己的力量製作影片。未來已被託付給新世代的創作者。

回顧過往，我成立公司的初衷並不是成為網路創作者公司UUUM那樣的組織，而是選擇成為影片製作公司，或許是因為我還抱持著成為創作者的願望。但現在，我想要拋棄那種自我中心，和創作者合作，因為他們能夠映照出我一個人無法觸及的世界。而短影音創作者正是其中最具代表性的一群人。

99 短影音行銷勢在必行

學生時代的我是使用SONY手持數位攝影機拍攝，再將攝影機連到桌上型電腦，從DV影帶中把材料抓出來，並且使用Adobe Premiere和After Effects進行編輯。接著將完成的影片輸出為MOV格式[6]存檔，把電腦的運轉聲當成背景音樂入睡。為了讓大家看見我的作品，燒一張DVD片需要花三十分鐘。花費一整天，終於製作好二十張光碟，分發給那些不知道

6 蘋果公司開發的「Quick Time」影片檔案格式。

會不會認真看內容的朋友們。這就是在YouTube時代以前，沉迷於影像製作的年輕人們習慣的做法。

YouTube出現之後，發生了哪些革命性的變化？

主要不是攝影和編輯過程的差異，而是出現了流通個人創作的新環境。時代從原先【以手持數位攝影機拍攝影片→用桌上型電腦編輯→透過DVD流通】，轉變為【以數位單眼相機拍攝影片→以筆記型電腦編輯→透過YouTube流通】。

而現在的Z世代，又進步為【用手機拍攝→用手機編輯→用手機上傳到TikTok】。Z世代的短影音創作者，從過去的沉重機材和繁瑣步驟中解放，所有製作步驟都變得更輕鬆了。

不管是YouTube、X或Instagram，都跟上了TikTok帶來的短影音新潮流，拚死籠絡TikTok上活躍的創作者。

二〇二二世界盃足球賽時，全球各大品牌紛紛在球場邊展示廣告。其中，YouTube的廣告內容並不是YouTube品牌自身，而是「YouTube短影音」，令人印象深刻。就連影片業界的霸王YouTube都認真打算轉換跑道進入短影音市場，就是這股趨勢最好的證據。同年十一月，還有報導指出伊隆・馬斯克指示將原先已經結束服務的短影音程式先鋒Vine「復活」。

世界每分每秒不停地變化，而我們必須要掌握這些變化，跟上新的潮流趨勢。

100「創作者全民化」帶來品牌與創作者的合作新形態

本書寫的正是影片世界進化的過程。我在某種程度上，可說是親眼見證**「創作者全民化」**實現的瞬間。在創作者全民化的道路上，如果創作者想要持續活動，那麼打造自己的事業是不可或缺的。另外，企業想必也必須改變過去的宣傳方式。ONE MEDIA的目標就是在中長期內實現短影音零門檻，搭建創作者、觀眾和企業品牌之間的橋梁。

創作者的作品，是連接企業與消費者的樞紐，也是連接當前世界的道路。由此而生的商機具有無限的可能性，然而許多人依然抱著「創作者不過是上傳影片到社群媒體而已」這種錯誤認知，只能說是與時代脫節。

日本的創作環境，和美國相比已經落後了三到五年左右。如今在日本，擁有大約一百萬追蹤者的人就可以稱為知名網紅，但這在美國已經是五年前的標準了。

美國作為創作者經濟的先進國家，創作者已經開始走向法人化。

例如美國相當受歡迎的YouTuber「MrBeast」，就於二〇二〇年十二月開設漢堡外送店

「MrBeast Burger」，而且在疫情中營業額仍節節上升，七個月內就賺了一億美元。

日本的創作潛力還有待發展。今後創作者建立事業的情況將會增加，而現存品牌也會邀請創作者擔任品牌大使，積極在社群媒體上進行宣傳。

未來的創作者可能不會只參與單次的宣傳案，而是以**「品牌合作伙伴」**的身分持續與品牌合作。已經在這個領域中與眾多品牌和創作者共事過的我們，不禁思考是否還有更多可以進一步開拓的領域。

二十一歲的我渴望能以創作者的身分活下去，但當時並沒有這個選項。相比之下，現代創作者擁有的可能性，簡直天差地遠。

在視覺溝通的大航海時代，名為ONE MEDIA的大船能做的事情，就是盡可能賦予創作者力量，並且增加更多創作者，讓他們發揮更大的影響力。

AI VS人類——該與科技共生或敵對？

隨著AI的出現，「被科技取代」的威脅急遽接近人類。與AI共存變得理所當然，這對今後的創作者又會有哪些影響呢？

在思考AI與創作者可以如何合作時，我認為最值得參考的是創意公司「THE GUILD」的深津貴之先生的看法。深津先生是日本最具代表性的UI、UX設計師，也是第一位「AI共同創作」領域的專家。

深津先生很早就開始研究「StableDiffusion」和「Midjourney」等AI圖片生成服務，並且分析創意製作中AI與人類分別擅長的領域。想要利用AI製作出喜歡的圖像，必須教育AI，輸入適當的文字指示，就像魔法使吟唱咒語一般，如果無法選擇AI能理解的正確詞語，就不能產生出符合想像的圖像。

我認為這相當接近未來的創作者樣貌。未來的創作不必無中生有，而是讓AI取代部分工作。只是大家原先認為可取代的部分，主要是製作多樣化版本以供比較，或者初步的布局設計，又或是填補背景等工作。然而AI的功能日新月異，似乎連角色造型設計都能辦到了。

這讓大家不禁擔心「人類終於要失去工作了……」不過從深津先生的態度來，應該不必那麼悲觀。

以文藝復興時代藝術創作者來說，善用畫筆等工具是必備的技能。而到了現代，畫筆替換成Adobe Photoshop、Illustrator又或是CG繪圖軟體。相同的，十年後創作者的專業技術，或許會變成指示AI生成理想的創作。

目前的創作業界，最厲害的創意總監可不會自己動手創作，而是將自己的觀點和創意共享給團隊內的設計師與攝影師等人，告訴他們「我想做出這種感覺」，由團隊進行創作。也就是說，這是「由人類指導人類」的情況。只要未來變成「由人類指導AI」的時代，先前只有少數人才能進行的「創意總監行為」，就有很大的機會轉變成任何人都能做到。

深津先生的另一個觀點也令人玩味。他身為UI、UX設計師，為何開始研究人工智慧？深津先生表示，若將來AI更加普及，那麼按下按鍵、打開選單這類功能，可能全都會替換為以文字輸入或者語音輸入代替。

舉例來說，如果想要在Uniqlo的應用程式中購買外套，操作流程是：先點開外套的選單，然後從畫面上的縮圖裡點選自己喜歡的商品，開始選擇尺寸等等。

然而，將來可能只要說一句「告訴我今年推薦的外套款式」，畫面中的搜尋結果就會一字排開；或者說「我只要深藍色的外套」就能找到商品。深津先生已經預料到UI領域會出現這樣的變化，因此開始研究AI。

未來「AI帶來的便利性」肯定會成為日常生活的前提。到了那時，最重要的是人類能否想像出自己希望以什麼形式享受AI的服務，也就是能否描繪出那種生活型態的全貌。

如果從「AI取代人類工作」的角度來看，容易被AI取代的人，確實必須評估轉換跑道的問題了。具體來說，構成創作的「零件」，例如文字、圖像、設計、影片及音樂等從創作領域中細分出的相關工作，這幾年就可能逐漸被AI取代。

因此，思考「服務和創作的整體樣貌」非常重要。從這一點看來，因為短影音的創作形式是「由一個創作者，用一台手機，創造出一則完整內容」，這正是針對未來創作形式的最佳訓練。

將來的短影音創作者，有望以創意總監的角色拓展自己的事業領域，例如TikTok顧問團

隊「松田家日常（マツダ家の日常）」的經營者關米納提（関ミナティ）和創作者菅本裕子，就是其中的先驅。像這些創作者一樣積極應對時代變化，勇於嘗試創新的人，一定能夠在AI時代存活下去。

實踐篇！「三個C」建構社群媒體帳號

既然都閱讀到這裡了，還請務必實際創作看看。希望你能運用實踐篇的內容，依照「三個C」的架構，思考該如何建立你的個人、企業或者品牌帳號。

所謂三個C的架構，就是由主題情境（context）、概念（concept）及內容（contents）所組成的架構。

①主題情境

主題情境是個人、企業和品牌累積的歷史及個性特質結合所產生的。因此情境並非一朝一夕就能建立起來，也無法輕意從他處借來。正視及理解自己適合的情境，或許是成為創作者的過程中最重要的事情。

建構社群帳號的三個C架構

Context 主題情境	Concept 概念	Content 內容
【例】 「前偶像」 「班上至少有一個這種人」	【例】 「人氣創作者」 「東京大學生」	【例】 「教學影片」 「Vlog影片或實測影片」

②概念

概念就是以簡單明確的言語，讓周遭的人理解「啊，原來這就是你的內容主題」。

如果使用自己創造的詞語當作概念，其他人可能難以理解，所以最好使用現有的詞彙組合。例如知名TikTok帳號「東京美食（東京グルメ）」，只從帳號名稱就能瞬間了解他分享的主題是什麼。

③內容

英文中的contents這個詞，原先指的是容器（container）裡面的內容物。

例如書籍這個容器中的內容物是小說或評論，而影片這個容器中則可以是Vlog（Video Blog：部落格的型態之一，指以影片形式分享自己的興趣或日常生活，以下稱Vlog）或教學影片等，內容物有各式各樣的形式。

我希望你依循這個格式，寫下你的帳號內容分析：

・以「●●」的主題情境為基礎
・以「●●」作為概念
・製作「●●」內容

如果此時你心想：「還是搞不懂……」我就舉幾個實際的短影音創作者為範例吧！

以菅本裕子來說

・以「前偶像」的主題情境為基礎
・以「人氣創作者」作為概念
・製作「教學影片」內容

以修一朗來說

・以「班上至少有一個這種人」的主題情境為基礎
・以「東京大學生」作為概念

・製作「Vlog或實測影片」內容

就像這樣，重點在於，將「主題情境」背後的要素，用明確的一句話表達為「概念」，然後強烈呈現於內容中。如果由專家來操作，這個手法可以應用在各種領域。

我們就用乳製品企業帳號來做為例子，以同樣的框架來思考：

以乳製品企業來說

・以「持續製造有益腸道的食品」為主題情境
・以「腸道保健專家」作為概念
・製作「食譜影片」內容

即使是乍看之下跟短影音毫無關係的公司，只要整理出主題情境和概念，也能自然而然的找到適合的創作內容。

我再重複一次，絕對不能用自己發明的詞語作為概念。比方說，「興趣插畫家」、「夢之旅人」或「桌面清掃家」之類的，這些不是「概念」，而是很遜的廣告標語。

最好選擇明確好懂的詞語，讓大家看一眼就能聯想到相同的事物。讀過本書的商務人士，可能會使用「〇〇官方創作者」這種概念。而〇〇處放的是自己隸屬的組織或企業名稱。但是，希望你仔細回想，建立「三個C」的框架，是為了找出能在社群媒體這個廣大宇宙中取得關注度的事物。很遺憾的，使用太過具體的專有名詞當作概念，大部分的人只會認為：「誰知道那是什麼啊？」請盡量使用大家都有共鳴、抽象得恰到好處的一般名詞。

最後，關於內容，我已多次強調「發現取代發明」。每天人們都以億為單位上傳影片，而這些影片其實具有某些特定的形式。請依照聲量大的主題標籤中被大量使用的形式，製作自己的內容。

如果有人問你「最近讀了什麼書？」此時回答「戀愛小說」之類的，大家都能輕鬆想像，對話也很容易繼續下去。不過，若是回答「最近讀的是讓我找到立足之地，露出笑容的小說」，那麼真是抱歉，不管是我或其他人，應該都會心想：「這個人在講什麼啦？」畢竟你說的只是在閱讀「戀愛小說」這個形式的內容時，偶然體會到的感想罷了。

「三個C」之中允許自由發揮的，只有主題情境而已。但是，如果自言自語太冗長，在現代是沒有人願意聽的。

把想表達的都簡單濃縮成一句話吧！畢竟現在可是「短影音」的時代。

Special Contents

ONE MEDIA presents

TikTok
完全攻略手冊

1 影片：主要內容

目標是每週上傳超過2支影片

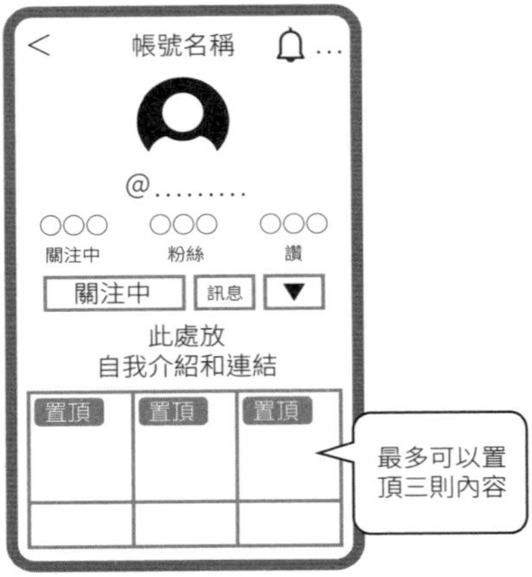

2 直播

接觸新粉絲的管道

※符合一定條件才能直播

3 限時動態：用來公告訊息很方便

內容和Instagram差不多就OK

重點 **跳舞影片數量很多，所以要在一開頭就做出差異**

開頭2秒（鉤子）的三種製作方式

1 拍攝時要以臉為重點
（難易度：★☆☆☆☆）

▶目標是「你的妝好可愛！」這種留言

2 加入舞蹈以外能引起熱烈留言的內容
（難易度：★★☆☆☆）

▶目標是與內文或影片旁白相關的留言

例：「其實我是〇〇」、「我是從四月開始△△」

3 畫面品質
（難易度：★★★★☆）

▶以個人特色抓住粉絲

例：情侶穿情侶裝跳流行舞蹈

1 開頭6秒內說明「我是誰？這支影片在做什麼？」（以化妝品為例）

〇 GOOD

- 創作者露臉
- 用字幕條傳達主題
- 主題物件簡單明確

✕ BAD

- 看不懂影片在做什麼
- 畫面中物件太多，看不出重點

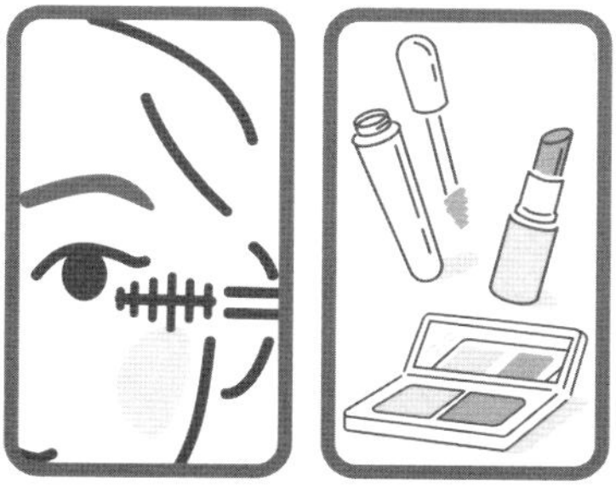

2 字幕條、主題物件、人臉等重點，要放在安全區域內

・觀看TikTok影片時，留言欄和功能鍵會遮住影片

・如右圖，斜線區域是沒有任何遮蔽物的範圍，拍攝時要把重要物件和資訊放在這個區域中

3 如何選擇物件

重點 選擇適合動態影片的表現形式，化妝品則要注重吸引力

○ GOOD

・色彩豐富的物件
・光滑、光澤感、亮片感，讓人產生愉悅感

✕ BAD

・開架彩妝中的基本款
・大家都知道，很難產生驚喜感的物件

4 主題標籤

重點 **透過主題標籤了解趨勢，從中選擇觀看次數較多的種類來模仿創作**

如何選擇主題標籤

選擇可能對你的帳號有共鳴的大群體

化妝愛好者

- #臥蠶妝（播放194.9M次）
- #韓風妝（播放328.0M次）
- #純欲妝（播放130.6M次）

※此處的播放次數為2023年2月時的數據。

選擇#韓風妝

原因：
- 變化非常多，不怕沒有創作主題
- 「韓風妝」主題不會只著重化妝技巧，更可以帶出產品特色
- 主題標籤的播放次數最多，表示受到高度關注

5 音樂、旁白

重點 **不管是商品介紹或Vlog，都要使用熱門音樂防止觀眾跳過**

- 熱門音樂就是大家都在聽、「耳熟」的音樂
- 選擇大家聽過的歌，即使內容跟對方無關也不容易被跳過
- 建議平常看影片時，盡量將感覺不錯的音樂「加入最愛」

重點 **旁白語速快一點，比較像TikTok風格**

- 語速、節奏要比YouTube和IG快一點
- 旁白也可以透過編輯來加速
- 如果錄旁白實在太辛苦，放字幕也OK

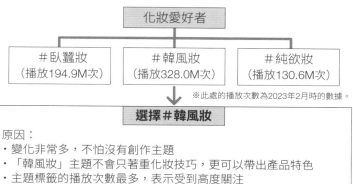

TikTok最大的魅力
▼
推薦功能
如果一定期間內的
按讚、留言、收藏、
分享、完整播放率
等數據表現好，
系統會推薦給更多用戶

▶▶▶ **登上推薦頁面的三個重點**

- **增加發佈次數（建議每週最少2次）**
- **發佈前先預告**
- **內容要能促進留言**

▶▶▶ **一定要回覆留言**

・想登上推薦頁面，按讚、留言、收藏、分享數最重要

・尤其是透過回覆留言以及對方再次回覆，增加影片的留言數，下一次觀眾就會因為期待得到回覆而主動留言

例①：料理
觀眾「我也喜歡〇〇，下次試著做看看！」
↳發佈者「請一定要試試看！這個季節也很建議稍微更改配方喔。」

例②：化妝
觀眾「請問有沒有其他推薦的化妝品？」
↳發佈者「我覺得××的△△還不錯！」

例③：時尚
觀眾「這件上衣是哪個品牌的呢？我也想要～」
↳發佈者「謝謝你的留言。可以搜尋◇◇看看喔！」

重點 善用直播功能，增加追蹤者

在TikTok，
「非追蹤者流入」是成功關鍵

登上推薦頁面的方法是？

1 投稿後一定時間內累積參與度
※以直播來說，留言最有效
（也可以讓直播氣氛更熱烈）

2 勝負取決於如何吸引非追蹤者，盡量鼓勵他們留言！

良好範例：@iyochan_（いよちゃん）

定期直播，按照固定模式進行仿妝，並在直播時加入能吸引留言（好吐槽）的話題，或進行廣受歡迎的ASMR直播。最後登上推薦頁面→吸引新粉絲加入，每次直播都能增加三千到四千名追蹤者，短期內大量累積粉絲。

畫面上必須清楚呈現「這個直播要做什麼？」

○ GOOD

・直播目的簡單易懂
・引導大家留言

✕ BAD

・看不出影片目的
・不知道該寫什麼留言

以下幾位是「影片製作方法值得參考」的創作者：

@taketaroutime
（たけたろう）

・類別：化妝品介紹
・強項
↳開頭兩秒的鉤子
↳優秀的視覺效果和細節
↳談話能力

@unkomorasunayo
（ｶﾝｺﾞｬﾝｾｳ／すじこ）

・類別：彩妝實測
・強項
↳開頭兩秒的鉤子
↳聳動的主題

@ckarry___
（夏琳）

・類別：外出Vlog
・強項
↳開頭兩秒的鉤子
↳主題明確易懂

@kyokasan123
（神堂きょうか）

・類別：實測影片
・強項
↳開頭兩秒的鉤子
↳主題明確易懂

拍攝時

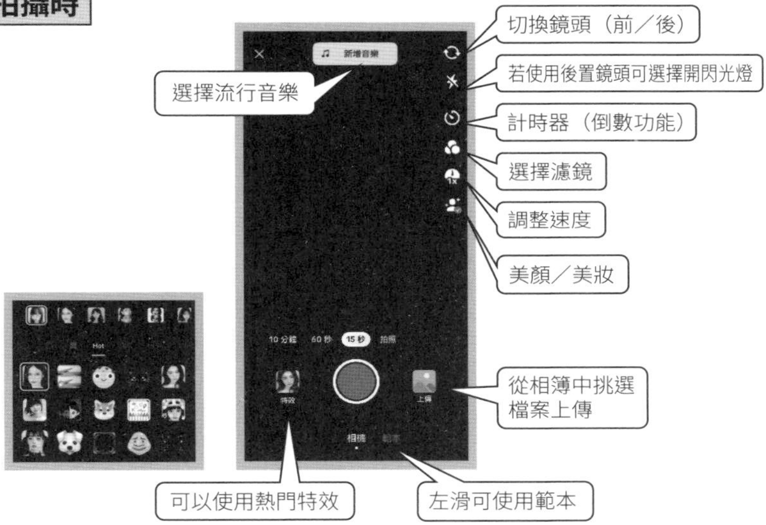
切換鏡頭（前／後）
若使用後置鏡頭可選擇開閃光燈
計時器（倒數功能）
選擇濾鏡
調整速度
美顏／美妝
選擇流行音樂
新增音樂
從相簿中挑選檔案上傳
可以使用熱門特效
左滑可使用範本

編輯、發佈時

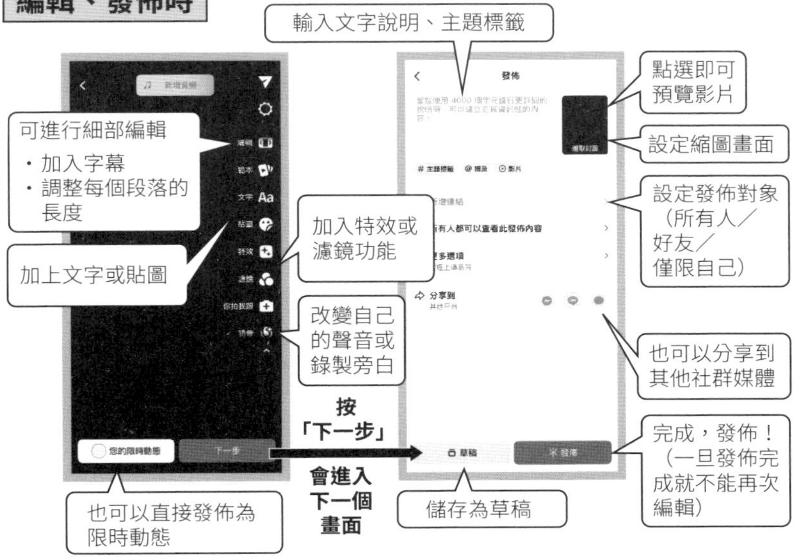
輸入文字說明、主題標籤
可進行細部編輯
・加入字幕
・調整每個段落的長度
加上文字或貼圖
加入特效或濾鏡功能
改變自己的聲音或錄製旁白
按「下一步」會進入下一個畫面
也可以直接發佈為限時動態
點選即可預覽影片
設定縮圖畫面
設定發佈對象（所有人／好友／僅限自己）
也可以分享到其他社群媒體
完成，發佈！（一旦發佈完成就不能再次編輯）
儲存為草稿

Ending

你是誰？

——創作，
讓世界看見你

我喜歡電影，也喜歡小說。我喜愛需要花費兩個小時去盡情享受、骨架結實的內容。如果沒有村上龍的《愛與幻想的法西斯》[x]跟大衛・芬奇的《鬥陣俱樂部》（一九九九年）的話，我就不是現在的我了。我會在家中的大螢幕上觀看電影，也會閱讀紙本小說。這麼做，就能獲得活過明天的力量。

我討厭智慧型手機，也討厭社群媒體。這些東西奪走我無可取代的時間，這是我最討厭的。心想著「看一下就好……」然而一旦開始看手機，腦部就不斷受到愉悅的刺激，一回神才發現已經過了兩個小時。唉，這些時間明明可以拿來做其他事情。這些事物害我從星期六中午就陷入後悔，實在討厭到不行。

我相信影片是創作新趨勢的中心，因此設立了一間公司，致力於探索影片的表現手法。而我因此明白一個悲傷的現實——智慧型手機和社群媒體既是影片的創造者，也是讓創意被迫面對所謂的「成長駭客（Growth hacker）」和「PDCA循環」這些仇人的元凶。

無論擁有多麼厲害的創意，花費多少時間編輯，只要忽視關注度的法則，創作的播放次數就文風不動。推薦機制是掌管人與內容之間相遇的「神明」，沒有人可以忽略他。我放棄抵抗「神明」，開始思考起這些規則之下作戰的方法。而我整理出來的內容，就是之前撰寫的《影片2．0》，最新版本則是本書。

新世代創作者與我這種老派創作者不同，彷彿一出生就能熟練運用「成長駭客」及「PDCA循環」等技能。影片開始迷因化，產生多種類型，只要跟著模仿，任何人都可以成為創作者。如今，所有人紛紛透過技術爭奪關注度，我們進入創作者的戰國時代。

正因如此，我一定要告訴你。你的關注度，如果以角色扮演遊戲（RPG）比喻，就類似於MP值（Magic Point，魔法值）。在你睡了一晚或喝下能量飲料後，MP值或許會恢復，但基本上具有一定限度，而且無可取代。關注度如此貴重，你還願意將它白白浪費在用來「殺時間」的事物上嗎？

正如同本書所寫的，短影音的力量十分強大。如果只有薄弱的意志力，是很難抗拒誘惑的。想要生存下去，只有一個手段，就是在自己的關注度被奪走之前，創造出搶走他人關注度的內容。既然你都閱讀到這裡了，應該能夠做到才對。

在世上所有人的心靈，都被容易成癮的裝置與機制聯手奪走之前，就算你分一杯羹，應該也不會遭到上天懲罰，對吧？

你不是為了追蹤某個人而生的。請你馬上轉換思考模式，不要只追蹤別人，而是成為受到追蹤的人物。不要坐著等別人搶走你的時間，而是成為奪走他人時間的人。

二十年前還是學生的我，用四十八期分期付款買下SONY數位手持攝影機VX2000，還有跟行李箱一樣大的Power Mac G5，卻在影像製作這條路上窮途末路。我打工到身體都要燃燒起來了，才好不容易做好創作的準備，當時就是那樣的時代。

但是現在不需要那麼辛苦，因為科技改變了一切。只要有一台智慧型手機，任何人都能嘗試創作。比起專業攝影機，手機濾鏡還更加上鏡。就算不使用電腦，也能輕鬆以應用程式編輯影片。不用燒錄DVD，內容也能在社群媒體上瞬間分享出去。過去那些製作完成後堆放在房間一角的創作，如今可以走向世界的任何一個角落。

「我因為讀了《影片2．0》而成為創作者。」現在每當有人這麼跟我說，我就深刻了解到，自己在世界上留下的作品並非「影片」，而是「創作者」。

短影音的世界，是現今最多新創作者的誕生之處。Web3．0帶來不可逆的去中心化趨勢，也將推動創作者成為更加獨立的存在。就算未來的平台有所變化，影片不再是內容主角，但是人們對創作的期待並未改變。

如果可以，你應該對奪走自己時間的事物豎起中指，並且將你最寶貴的資源——「關注度」投注在自己的創作。只有這樣，才能逆轉一直以來被動接受內容的人生。我希望聚光燈能打在主動創造內容的創作者身上，所以今天也勤奮工作著。

給正打算成為創作者，但還沒沒無聞的你。如果想要成為名人，必須先面對孤獨。獨自一人在孤獨中持續琢磨自己的爪牙，絕對能有所成長，而世界看見你尖牙的那一天將會到來，那就是你人生的嶄新開始。

所以在那之前，請不要迎合他人，而是要愛上孤獨，因為孤獨能讓你成熟。

「你是誰?」如果現在有人這麼問你，請信心十足的回答：「我是創作者，我的創作將是改變某個人生命的契機，我就是這麼可怕的傢伙。」

別再按下播放鍵，開始錄影吧！你人生的一切就是內容。

主演　Leading Actor
明石岳人　Gakuto Akashi

導演　Directed by
明石岳人　Gakuto Akashi

腳本　Screenplay
田邊愛理　Airi Tanabe

Special Thanks——代替後記

那是二〇二二夏天的事情。我在X上寫下「說實話，我想來寫可以對應TikTok的《影片3・0》」。有個年輕編輯看見我的貼文後回應我，他就是大澤桃乃。他才剛畢業就進入以網路廣告為主要業務的經銷商，但是因為非常想要製作書籍而轉職，還沒有自己負責編輯過書籍。他這麼說著，帶來了塞滿字的厚重企劃書。

人為何會產生創作動機呢？就算不製作書本或影片，這個時代還有很多賺錢手段。即使是其他時代，創作業界大概也一直承受這種眼光。對他來說，工作選項或許五花八門，但他選擇製作書籍這條道路的理由相當堅定，那是沒有人能踏入，屬於他自己的聖域。

從事創作相關工作的人，心裡都擁有那一片聖域。我當然也有。

我還是承認吧！當初發佈貼文時，我只是輕鬆地想著「要是有人連絡我就太幸運了」。

過去曾存在我心中的熱情，都隨著新冠肺炎疫情燃燒殆盡。因為當時情況真的相當慘烈，我光是要保住公司和員工就耗費所有心力，每天忙於工作。四十歲生日即將到來，我已經成為中年大叔。創業當時滿溢的能量，現在雖然不到一滴不剩的程度，但也幾乎消耗殆盡。

我的朋友，同時也是《影片2・0》的編輯箕輪厚介，曾經說過：

「在幾十萬冊書籍的渺小市場中，只有『一個人的狂熱』可以產生暢銷作。如果沒有某個人以壓倒性的姿態，絞盡全身的精力去創作，就不會有熱情，無法吸引同伴，最終也就無法引起世界的轟動。」

狂熱。狂熱這種東西，或許就存在於「第一次」的瞬間。我的狂熱大概已經在《影片2・0》中耗盡。但是只要借用大澤桃乃「第一次製作書籍」的狂熱火種，那麼我的心靈或許也能夠再燃燒一次。因此，我睽違四年再度執筆寫作。

然而現實問題是，如今我的事業已大幅成長，很難像以前一樣自行撰寫全書，想來還是要藉助其他作者的力量。大澤桃乃問我：「您覺得○○老師和△△老師如何呢？」他提出的作者在商業書領域中相當知名，已經有許多成績，所撰寫的書籍也都有穩定銷量與好評。

但是這麼做真的好嗎？這樣的書真的蘊含了狂熱嗎？思索老半天後，我回到書桌前，收到確認訪談原稿的請託。對了，我前幾天才透過Zoom接受訪談。這類訪問報導，我從來不曾看過一次就說沒問題，可能是語感，又或者是邏輯結構總讓我覺得不太對勁。唉呀，今天也得努力修改了。

坐下以後打開檔案開始閱讀，一回神才發現我已經讀到最後。我第一次遇到這種情況，於是詢問對方：「可以告訴我寫這份原稿的是誰嗎？」我因此認識了負責撰寫本書大部分內容的田邊愛理。

我們依照這個時代的潮流，先透過Zoom打招呼。我老實地告訴田邊愛理：「我打算要出書，想跟您商量撰寫書籍的事情。」他則回答：「我先前只有撰寫過網路新聞……真的可以讓我來嗎？」讀到這裡，你應該也想到我會說什麼了：「這樣更好！」

第一次做書的編輯跟第一次寫書的作者，我藉助了他們的狂熱力量，因此這本書是超過十二萬字的超級大作。構成各章概念的引言由我撰寫，然後他們根據內容準備取材用的問題。我們大概重複了三次長達三小時的漫長取材，終於形成本書的原型。

在取材期間，我還不小心閃到腰。我還是人生第一次在整復上花了這麼多錢。

這本書絕對不是憑藉我一個人的力量完成的。正因為大澤桃乃和田邊愛理的狂熱，給予我再次挑戰的機會，才有你現在拿在手上的這本書。我真心感謝，也希望他們兩人的未來還能再次出現盛大的狂熱。

那個夏天，你叫住我，手上拿著反覆閱讀而破破爛爛的《影片2．0》。為了再次遇見像你一樣的年輕人，為了見證這些年輕人用影片驚艷世界，現在，我毫不吝惜地分享自己擁有的知識和引以為傲的一切，完成了這本書。只增加一個也好，我希望成為創作者的年輕人愈來愈多，雖然這可能只是我自私的願望。

我們很難毫無煩惱地生存在世上，但是可以自由地活著。而自由伴隨著責任，因此要努力，再努力，拚命努力下去，直到獲得自由。

因此，今天也挑戰一些新的事物吧！這樣一來，你的想像力就會有如泉湧。

我深切期望本書能成為一件外套，溫柔保護你走向未來的旅程。

這本書是一個學生時代有如被附身一般沉迷於影像製作，直到與YouTube相遇而了解到網路的可能性，二十幾歲時一直無精打采地做著無聊工作，直到三十歲才挑戰自己真正想做的事情，但是進入四十歲就燃燒殆盡的男人，窮盡一切所寫下的。

謝謝你讀到最後，我想要告訴你：
好了，馬上丟掉這本書。
你接下來應該要看的，是鏡頭彼方。

二〇二三年二月
明石岳人

後注

i 明石ガクト。動画2.0 *VISUAL STORYTELLING*。日本：幻冬社，2018。

ii 吾峠呼世晴。鬼滅の刃。日本：集英社，2016-2020。

iii 雑誌：日経トレンディ。日本：日経BP，1987。

iv 天野彬。新世代のビジネスはスマホの中から生まれる ショートムービー時代のSNSマーケティング。日本：世界文化社。2022。

v 堀江貴文。多動力。日本：幻冬社，2017。

vi Chris Anderson. *Free—The Future of a Radical Price*. Hyperion, 2009.

vii 架神恭介、辰巳一世。完全教祖マニュアル。日本：築摩新書，2009。

viii 金城宗幸（著）、ノ村優介（繪）。ブルーロック。講談社，2018。

ix 富樫義博。ハンター×ハンター。日本：集英社，1998。

X 村上龍。愛と幻想のファシズム。日本：講談社，1987。